U0010123

台灣自然圖鑑 050

章錦瑜 著・攝影

賞樹圖鑑

273種景觀植物完整型態觀察與欣賞
100多種園藝品種、變種及類似植物

晨星出版

賞樹圖鑑
CONTENT

壹

裸子植物

貳

被子植物—雙子葉

三、藤本

被子植物—單子葉

如何使用本書

　　本書共收錄 273 種景觀植物，以學術分類排序，共分裸子植物、雙子葉植物與單子葉植物。其中雙子葉植物再細分為喬木、灌木與藤本。並收錄 100 多種園藝品種、變種及類似植物，以文字，配合圖片、插圖與表格說明，方便認識及辨識。

‧資訊

科別、別名、英名、學名及原產地

‧中名

常見中文名稱

‧主文

典故、基本特性、生長環境、栽種要訣、養護、景觀利用

‧果

‧花

‧類似植物比較

246

使君子科

小葉欖仁

‧學名
Terminalia mantaly
‧英名
Madagascar almond

‧別名
細葉欖仁、非洲欖仁
‧原產地
熱帶西非

　　屬名指葉片群聚於短枝梢，乃其生長特色。生育於熱帶雨林區之上層喬木，性喜高溫多濕，適熱帶與亞熱帶地區，喜豐沛雨水與充裕陽光。

▼春天開花，穗狀花序長 3~4 公分，腋生

▶花徑 0.3 公分，白花

▼落果滿地踩到易滑跌

▲核果平滑，狹橢圓形，長 2~2.5 公分，徑 0.6~1 公分

▲質輕可海漂

▼截頂以降低株高（臺中水崛頭公園）

類似植物比較　欖仁屬

	葉長 × 寬（公分）	腺體
馬尼拉欖仁	10~15×3~5	多處
欖仁	20~30×10~15	多處
小葉欖仁	3~4×1~1.5	僅中肋脈腋

小葉欖仁

欖仁

·樹型及株高比例

僅喬木有樹型、常綠或落葉、
株高與人身高比例

▼尖塔層狀樹型 (臺北市辛亥路)

247

小葉欖仁

·植物中名

▲未截頂之尖塔層狀樹型

·主圖

植株型態、樹幹

腺點　　　　腺點

▲葉紙質，葉長 3~5 公分、寬 1~1.5 公分，葉柄長 0.4 公
分。羽狀側脈 4~6 對，中肋與第一側脈間具明顯腺點

葉面　　　　　　　　　　　　　　　　　　　　葉背

·葉

斑葉品種

▼主幹嫁接
(臺南巴克理公園)　▼主幹嫁接 (中正大學)

接合處

返祖

·栽培品種

作者序

出書真是一件煎熬的事，出植物圖鑑更是折磨人。

每種植物需包括各部分的照片：花、果、葉（嫩葉、老葉、托葉）、枝條、樹幹、樹型、果實、種子，以及特殊構造（腺體、毛茸、尖刺）等，不同時間的表現、四季變化，以及在景觀的應用等。

花果特別精緻的，很容易錯過，就得仔細慢慢找、特別費神。

花朵綻放常不可捉摸，看著花苞出現，就得開始緊迫盯著，一不注意錯過，就得等明年。

有些花只在早上綻放，或陽光夠強才展花。

冬天的紅葉只在強陽直射下，才顯得特別艷麗。

穗花棋盤腳是夜間開花，就得晚上摸黑來拍照。

第倫桃常見果實，卻怎麼都拍不到花，偶爾有次站在樹下，不經意抬頭往上看，原來花躲藏在樹冠枝葉下。

為了出書，常常四處遊走、長期追蹤。

走到哪，都會特別專注周邊的植物。

幾十年追植物，要拍到最美的，不僅要追得勤快，還得靠運氣。

每次拍到一張還沒有的植物照片，就會非常興奮，彷彿中了大獎。

30 多年前，出第 1 本景觀植物書，是被情勢所迫。因為來東海教景觀植物課，沒有教科書，只好自己出書。

從最早開始，這是第 4 個版本，每次改版，在當時都是三級跳。

一再精進，拍到的照片更全面、品質更佳、特點更明顯。

這本的照片是新的、版面設計是新的，煥然一新，就是一本新書。

每張圖片都是百裡挑一，為了讓型態、細部更清晰，圖片還特別去背，很精美的觀賞植物圖鑑，自己看了都愛不釋手。

感謝學長吳昭祥，提供多張精美照片，讓本書增色不少。

感謝老公，常幫我外出找植物的花、果等，還幫忙校稿，女兒協助圖片去背，才能順利完成新書。

期許自己 80 歲，還能再精進，完成第 5 個更創新的版本。

章錦瑜

2021 年 6 月於臺中

植物形態術語說明

本書內各植物之排列系統由裸子植物開始，係按照 R. Pilger 與 H. Melchior (1954) 之系統，繼而介紹被子植物，乃按照 J. Hutchinson(1973) 之系統排列，最後為單子葉植物。同科植物按學名之屬名開頭大寫字母之順序排列。

本書常用的植物形態術語說明如下：

■ 一般

◎中名 (Chinese name)：中文名稱。

◎英名 (English name)：英文名稱。

◎學名 (Scientific name)

國際通用之統一名稱，用拉丁文來書寫。本書採用二名制命名法，前為屬名 (generic name)，後為種名 (specific name)，屬名首字須大寫。

◎原產地 (Area of origin)

植物原始生長地。本書將分為三大類，第一類為臺灣原生種，包括臺灣本島及離島各地區原產植物；第二類為外來引進種，包括其它有別於第一類原產地者；第三類為園藝栽培種，乃園藝學家育種、栽培或將突變種保留繁殖之植物。

■ 生活習性

◎喬木 (tree)：具有明顯單一主幹，且在胸高以上始出現分枝，株高多 5 公尺以上者稱之。株高 5~9 公尺者稱為小喬木，株高 9~18 公尺者稱為中喬木，株高在 18 公尺以上者稱為大喬木。

◎灌木 (shrub)：不具明顯主幹，近地面低處即行分枝，木質化枝幹多數叢集，株高多 5 公尺以下者稱之。株高 2~5 公尺者稱為大灌木，1~2 公尺稱為中灌木，1 公尺以下稱為小灌木。

◎亞灌木 (suffruticose)：多年生的低矮灌木，僅植株下部莖枝木質化，上部莖枝仍草質。

◎藤本 (woody vine)：具木質化的莖枝，但莖枝極易抽伸甚長且無法自立，而呈懸垂或匍匐狀，必須藉蔓莖纏繞、卷鬚或氣生根吸附，以及人為幫助方能固持而定型。

◎蔓灌：其生長習性介於灌木與藤本間，莖枝亦會抽伸但長度有限，不如藤本常蔓生數公尺之長，而莖枝卻較灌木者長而軟垂，自立性不高者。

◎草本 (herb 或 herbaceous plant)：莖枝未木質化而屬草質性者。

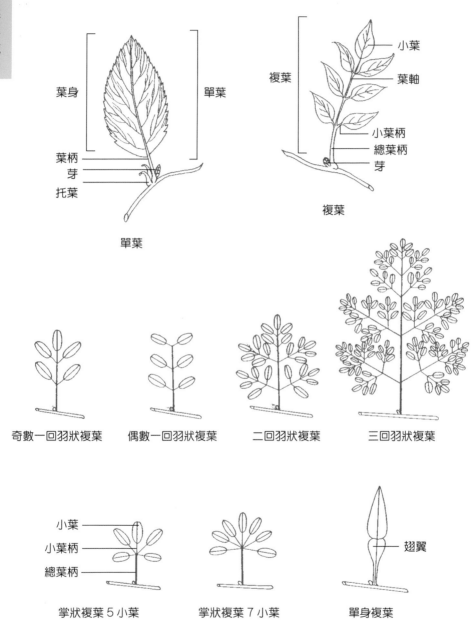

葉身
單葉
葉柄
芽
托葉

單葉

複葉
小葉
葉軸
小葉柄
總葉柄
芽

複葉

奇數一回羽狀複葉　　偶數一回羽狀複葉　　二回羽狀複葉　　三回羽狀複葉

小葉
小葉柄
總葉柄

掌狀複葉 5 小葉　　掌狀複葉 7 小葉　　翅翼　　單身複葉

葉種類示意圖

11.心型 (cordate)：葉基凹入，葉片呈心臟狀。

12.三角形 (deltoid)：葉片狀似等邊三角形，葉基呈寬截形而至葉端漸尖。

13.腎形 (reniform)：葉片短而闊，葉基心形，葉片狀如腎臟。

14.菱形 (rhombic)：葉身中央最寬闊，上、下漸尖細。

15.提琴形 (pandurate)：葉身中央緊縮變窄細，狀如提琴。

16.匙形 (spathulate)：倒披針狀，葉端圓似匙部，葉身下半部則急轉狹窄似匙柄。

17.盾形 (peltate)：葉柄非由葉基伸出，而是著生於葉身近中心處。

　　除上述者，尚有箭頭形 (sagittate)、矛形 (hastate)、絲狀 (filiform)、扇形 (fan)、鱗片形 (scale)、鐮刀形 (falcate) 等。

◎葉端 (Apex)

　　乃指一葉片之頂端形狀，可輔助葉形來辨認植物外觀。

1.鈍形 (obtuse)：沿葉端緣兩側做切線，其間夾角超過直角。

2.銳形 (acute)：沿葉端緣兩側做切線，其間夾角小於直角。

3.漸尖 (acuminate)：由葉身中央向葉端逐漸變窄細。

4.突尖 (cuspidate)：葉端向外側有銳尖狀突起。

5.截形 (truncate)：葉端呈水平切截狀。

6.凹形 (emarginate)：葉端呈凹狀缺刻。

7.尾形 (caudate)：葉端延伸出細長的尾狀。

8.圓形 (rounded)：葉端鈍而呈圓滑的曲線。

9.微凸 (mucronate)：葉端具些微凸出物。

10.針形 (aristate)：葉端有針狀凸出物。

◎葉基 (Base)

　　指葉身基部的形狀。

1.鈍形 (obtuse)：葉基兩側切線夾角大於直角者。

2.箭形 (sagittate)：葉基呈箭頭狀，意即葉基二裂片朝向葉柄伸展。

3.楔形 (cuneate)：葉基兩側之葉緣線均呈直線，而非曲線，且兩切線間夾角近於直角。

4.漸狹 (attenuate)：由葉身中央向葉基漸變窄細。

5.歪形 (obligue)：葉基中肋兩側大小不等。

6.心形 (cordate)：葉基向中肋處凹入成心形。

7.截形 (truncate)：葉基呈水平切截狀。

鈍形
(obtuse)

箭形
(sagittate)

楔形
(cuneate)

漸狹
(attenuate)

歪形
(obligue)

心形
(cordate)

截形
(truncate)

耳形
(auriculate)

盾形
(peltate)

抱莖
(amplexicaular)

葉基示意圖

8.缺刻狀 (incised)：葉緣有不規則之凹裂缺刻。

9.毛緣 (ciliate)：葉緣有毛狀物。

10.掌狀裂葉 (palmately lobed)：葉緣成手掌狀 裂。

11.羽狀裂葉 (pinnately lobed)：葉緣成羽毛狀淺裂。

12.淺裂 (lobed)：裂片僅淺裂、未及葉身一半。

13.中裂 (cleft)：裂片裂至葉身一半處。

14.深裂 (parted)：裂片深裂近中肋或主肋分叉處。

15.全裂 (divided)：羽裂片之裂口已達中肋，或掌狀裂片分裂至主肋分叉處。

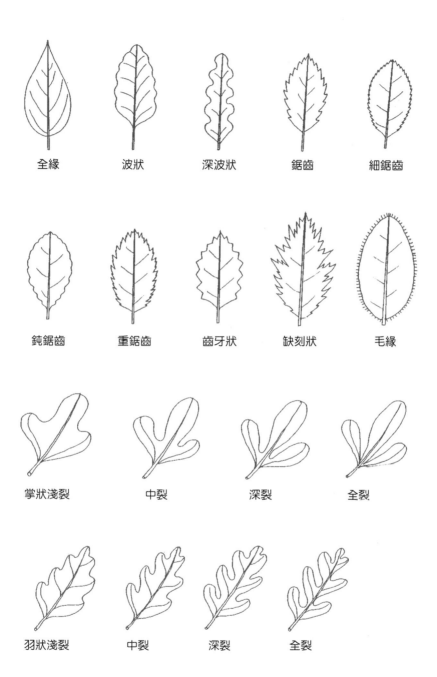

全緣　　波狀　　深波狀　　鋸齒　　細鋸齒

鈍鋸齒　　重鋸齒　　齒牙狀　　缺刻狀　　毛緣

掌狀淺裂　　中裂　　深裂　　全裂

羽狀淺裂　　中裂　　深裂　　全裂

葉緣示意圖

◎葉面 (Surface)

指葉身上、下兩面的狀況。

1. 平滑 (glabrous)：葉表面無毛而呈平滑狀。

2. 粗糙 (scabrous)：葉表面有附生物，致觸摸有粗糙感覺。

3. 皺摺 (rugose)：因葉面凹凸不平而呈皺摺狀。

4. 有毛著生：葉表面著生各種毛狀物。

◎質理 (Texture)

指葉面的質地、厚薄情況。

1. 肉質 (carnosus)：葉片肥厚多肉。

2. 革質 (coriaceous)：葉片硬挺，狀如皮革。

3. 紙質 (papyraceous)：葉片薄軟，狀如紙張。

◎葉脈 (Venation)

乃指葉面上葉脈之分佈情形。位於葉身中央，多與葉柄連結，或葉身中央由葉基至葉身頂端之主肋稱為中肋 (Midrib)，由中肋再分支至葉緣之脈稱為第一側脈或主側脈 (lateral vein)，由主側脈再細分更小的葉脈叫細脈 (veinlet)。

1. 平行脈 (parallel vein)：中肋與主側脈以及葉緣線互相平行者。

2. 羽狀側脈 (pinnate lateral vein)：第一側脈由中肋兩側分支出，且排列成羽毛狀。

3. 掌狀脈 (palmate vein)：葉基發出數條延伸至葉緣，呈放射狀的主脈，有三條主脈者稱為三出脈，或五出脈、七出脈。

4. 網狀脈 (reticulate vein)：第一側脈不明顯突出，而與細脈彼此相連成網狀。

5. 僅中肋明顯：主側脈及細脈不明顯，僅中肋突顯者。

6. 葉脈不明顯：葉面所有葉脈均不顯著。

■ 花 (flower)

◎花序 (Inflorescence)

乃指花朵在花軸上著生排列之方式。

一、大戟花序 (cyathium)

有一肥厚具腺體之杯狀總苞，其內著生 1 雌蕊及數餘支雄蕊，大戟花序外常有苞片著生，此花序乃大戟科大戟屬植物所專有。

二、無限花序 (Indefinite inflorescence)

花序上的小花開放順序係由下部漸向上部或外側漸向內側逐漸綻放，因此只要花軸無限伸長，花即不斷開放。

1. 總狀花序 (raceme)：花軸單一，其上著生之小花具相同長度之小花梗 (pedicel)。
2. 圓錐花序 (panicle)：具多數分歧之花軸，每一分枝花軸均呈總狀花序，又名複總狀花序 (compound raceme)。
3. 繖房花序 (corymb)：花軸單一，具小花梗之小花著生其上，小花梗長短不一，愈近花軸頂端之小花梗愈短，愈下部的小花梗愈長，所有小花均位於齊一之水平線。
4. 繖形花序 (umbel)：花軸單一，於花軸頂部輻射狀著生具等長小花梗的小花多數，故整個花序呈扇形或圓球形。
5. 穗狀花序 (spike)：花軸單一，小花無梗著生其上。
6. 隱頭花序 (hypanthodium, syconium)：僅為桑科：榕屬植物所特有之花序，由一壺形肥厚之肉質花軸變形而成，其內著生短而不具小花梗之小花。
7. 頭狀花序 (head)：花軸先端成圓塊、肉質扁平狀，其上密生多數不具小花梗之小花。
8. 肉穗花序、佛燄花序 (spadix)：花序軸肥厚多肉質，外具佛燄苞，花多單性而不具小花梗。
9. 柔荑花序 (catkin, ament)：花軸單一，其上著生單性無小花梗之小花，常呈下垂狀，當花序所有小花完全開放後，整個花序會一起掉落。

三、有限花序 (Definite inflorescence)

花序由上部小花先開、而後漸及於下部，或中心部先開、外側者後續漸綻放。

1. 單頂花序 (solitary)：花軸上僅有單一花朵。
2. 聚繖花序 (cyme)：中央花軸之小花先開，而後其左右兩側分歧、相對而生之花軸上小花次開。若複合而生者稱之為複聚繖花序。

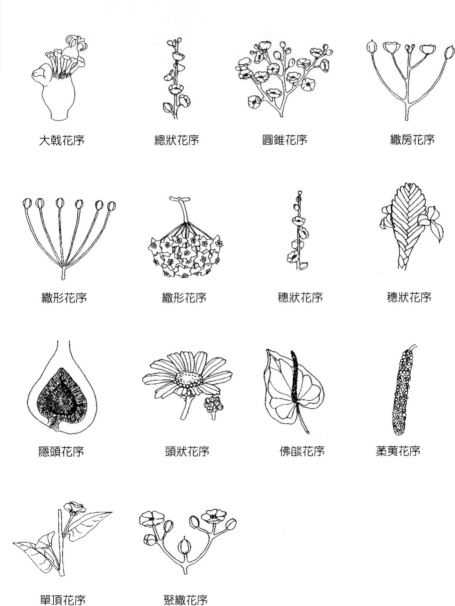

大戟花序　　總狀花序　　圓錐花序　　繖房花序

繖形花序　　繖形花序　　穗狀花序　　穗狀花序

隱頭花序　　頭狀花序　　佛燄花序　　葇荑花序

單頂花序　　聚繖花序

花序示意圖

壹

裸子植物

蘇鐵

- 學名
  Cycas revoluta
- 英名
  Sago palm
- 別名
  鳳尾蕉、琉球蘇鐵
- 原產地
  日本九州南部及琉球

屬名意即棕櫚，指植物外形似棕櫚。其羽狀葉片如鳳尾般，又名鳳尾蕉。種名之 *revoluta* 乃指小葉背緣反捲。英名 Sago，乃因莖幹內髓心含可轉變為澱粉之 Sago。

蘇鐵科植物是一億五千萬年前中生代、恐龍時代就生活於地球上的優勢植物，乃少數現今仍存在的活化石。

陽性植物，全日照處生長佳，半日照尚可。適亞熱帶高濕環境，性喜溫暖，稍耐寒。耐潮、耐風，適海岸後線。生長緩慢，種子發芽常需數月，1~2 年才發出第一片羽葉。株高 3 公尺可能需 30 年之久。

▶ 秋季種實成熟，橢圓至卵圓形種子，熟為桔紅色，果面密佈黃褐色毛茸，經久會脫落。果長 5 公分，徑約 2~3 公分

▲ 近年來，頻遭蘇鐵白輪盾介殼蟲為害，全臺的蘇鐵死亡不少

▼ 金門的龐大植株

▼ 多株群植 (美國佛州卡斯特羅馬可公園)

▲單幹，偶見老株之萌櫱長大，仿
如分支般，而形成一龐大植株

▲莖幹粗壯、圓柱型，
幹面密佈葉痕與粗毛

▲稈面有萌櫱，已長出小植株

◀常綠灌木或小喬木，株
型棕櫚狀 (臺中科博館)

一回羽狀複葉，羽葉長 120~150 公分，寬 15~25 公分；每一羽葉有 80~120 對小葉，羽葉基部蛻化為硬銳刺。小葉長 8~12 公分、寬 0.6 公分。

▼葉背具淡褐色毛茸，全緣反捲

▶春天於莖幹頂端萌發新葉群，嫩葉密被淡黃毛茸

▶斑葉品種，小葉端黃色

▶羽狀複葉兩側小葉面間之夾角近 90°

V 型

雌雄同株，雌雄花序均著生於莖幹頂之葉叢中央。只要種植在適當環境，壯齡就會開花，甚至年年開花。

▶雄花序螺旋狀著生鱗片狀雄蕊

◀雄蕊背面著生許多球形藥囊

▼每片雌花著生種實 2~5

▶毬果狀雄花序長 50~70 公分，徑 10~13 公分，色黃，密被毛茸

▼雌毬果下方，成熟種實已爆出

▼雌花序呈扁球型之毬果狀，徑 45 公分、高 30 公分

▼雌花序螺旋密生著許多大孢子葉 (亦稱心皮，即指雌花)，呈羽毛狀，密被黃褐色毛茸，長約 18 公分

蘇鐵科

臺東蘇鐵

· 學名
Cycas taitungensis
· 英名
Taiwan sago

· 別名
臺灣蘇鐵
· 臺灣原生種

　　為臺灣之孑遺植物，至今已約一億四千多年。為防止盜採，林務局已設置「臺東紅葉村臺東蘇鐵自然保留區」，並公告其為珍貴稀有植物。陽性植物，栽植處宜日照充足。性喜溫暖濕潤，不耐霜害。

▶幹面留下一輪輪的
　葉痕，可用來數
　算樹齡

▲常綠小喬木 (中興大學)

▼臺東

葉緣略厚，綠色葉背微具銹色毛絨，硬革質，小葉長 15~20 公分、寬 0.6 公分，無柄。

▼春天稈梢發出一叢
新嫩葉群

▲種子熟為紅褐至紫褐色，種實徑 1~2 公分，扁闊橢圓形

▼雌雄異株，此為雄株

▼雌花序毬果狀，雌花之心皮密生黃褐色毛

▼羽狀複葉之兩側小葉面間之夾角
約 180°，小葉常呈不規則扭曲狀

類似植物比較　蘇鐵與臺東蘇鐵

目前臺灣平地種植較多的 2 種蘇鐵屬植物，差異如下：

項目	蘇鐵	臺東蘇鐵
裸幹高 (公尺)	2~3.5	5
羽狀複葉之小葉對數	80~120	100~200
羽狀複葉長 (公分)	120~150	180~200
小葉緣反捲	明顯	無
小葉長 (公分)	8~12	15~20
羽狀複葉兩側之小葉列間之夾角	近於 90°	近於 180°
種實	長 5 公分，橙紅色	長 2 公分，紫褐色

蘇鐵植株較矮小　　　　　　　　臺東蘇鐵植株較高大
羽葉之小葉列垂直　　　　　　　羽葉之小葉列平展

蘇鐵

臺東蘇鐵

蘇鐵果實
較大、色橙紅

臺東蘇鐵果實
較小、色紫褐

· 學名
Cycas thouarsii

光果蘇鐵

　　外觀類似臺東蘇鐵，不同特徵為其種實較大（徑約 5 公分）、表面光滑。

▲羽葉基部著生多數棘刺　　▲種實表面光滑

· 學名
Encephalartos ferox

非洲刺葉蘇鐵

　　適亞熱帶低海拔地區，特徵為其葉較寬、硬革質，葉緣疏鋸齒，大型毬果黃至橙紅色。

▲葉緣疏佈銳尖鋸齒

▼大型毬果黃至橙紅色

▼株高約 1.5 公尺

蘇鐵科

闊葉蘇鐵

- ·學名
  Zamia furfuracea
- ·英名
  Jamaica sago tree,
  Cardboard palm
- ·別名
  美葉蘇鐵
- ·原產地
  墨西哥、哥倫比亞

　　葉片厚革質、稍具絨毛，觸摸磨擦如硬紙板；且株型似棕櫚，故英名為Cardboard palm。亦為一活化石植物，原生育地乃墨西哥溫暖之海邊平坦砂地，適合生長於熱帶與亞熱帶地區，不耐霜害。喜全日照之直射陽光，半陰亦可。

　　莖幹肉質、粗肥，具貯水功能，耐旱性高；且耐鹽、耐風，可種植於海邊。

▲葉兩面均被黃褐色毛茸，厚硬革質，總柄基部有針刺。小葉無柄，長 5~15 公分、寬 2~5 公分

▶如其名，小葉寬闊達 5 公分，其他常見蘇鐵之葉寬多 1 公分以下；卵橢圓形葉、兩端均鈍，葉面具無數之平行葉脈，葉緣有不規則之淺缺刻、略反卷

▶裸幹

▶一回羽狀複葉，小葉2~13 對，羽葉叢生，小葉互生，羽葉長90~120 公分

類似植物比較 *Cycas* 與 *Zamia* 屬間之差異

項目	小葉寬度	雌雄株
Cycas	1公分以下	異株
Zamia	1公分以上	同株

▼每片大孢子葉著生胚珠2枚，成熟時雌花毬開裂，露出鮮紅色種實、徑2.5公分。(吳昭祥攝)

◀雌雄同株，每株花毬不止一個。毬果狀雌花序頂生或腋生，褐黃色，心皮緊密交疊

▼常綠小灌木

銀杏

| ·學名
Ginkgo biloba
·英名
Ginkgo, White fruit,
Maiden hair tree | ·別名
公孫樹
·原產地
中國、日本 |

▶落葉大喬木

　　較所有闊葉樹起源更早，是目前地球上現存極古老的植物之一，在恐龍出現時就有，以演化程度而論，僅較蕨類稍進化，較針葉樹原始。

　　屬名乃因原產地中國稱為 yin-kuo(意銀色杏仁)，發音即為 *Ginkgo*；種名 *biloba* 指其葉片 2 裂。扇形葉片類似鐵線蕨，故名 maiden hair tree。且因其種子形似小杏而核色白，又名白果。

　　幼株生長速率中等，隨樹齡遞增，生長漸趨緩慢，由播種至開花結果，需 20 年以上。自小苗至少三代(由公公至孫子)才成林，又名公孫樹。

　　陽性樹，忌植於陰暗處，喜歡全日陽光直射，幼株對午后的炎陽較敏感，需加遮庇，耐寒性高。

　　植株高大，可做優形獨立大樹。日本許多都市做為行道樹，亦常植於廟宇庭園中。雌株果熟時散發惡腐臭味，易遭民怨。若當行道樹或庭園樹，以雄株為宜，且雌株結實後樹勢變弱，雄株卻隨樹齡遞增而越發壯觀。

▶幼株側枝多斜向上，樹型尖塔狀；老樹枝條多橫向伸展、甚至下垂狀

銀杏

◀具明顯之中央直立主幹，秋末初冬之低夜溫，加上白天的強日照，落葉前葉片轉變成金黃色

▼樹皮灰褐色，縱溝裂間淡灰色

▼春天嫩綠新葉萌發 (溪頭)

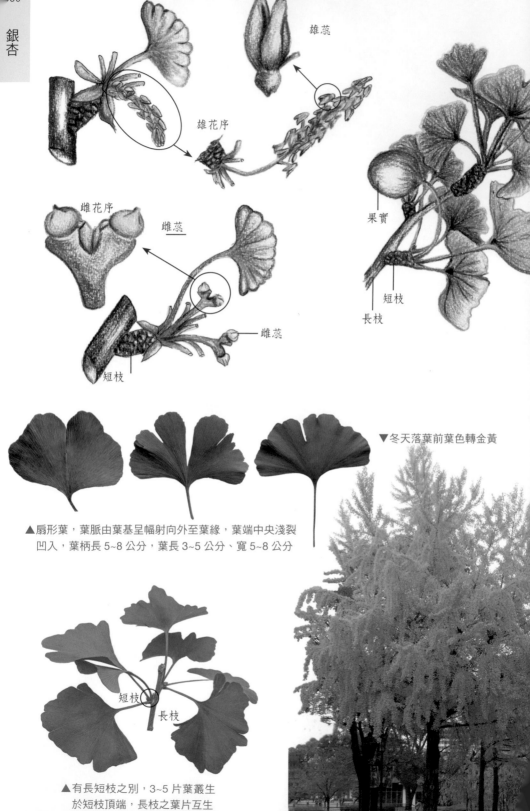

銀杏

雄蕊

雄花序

雌花序

雌蕊

雌蕊

短枝

果實

短枝

長枝

▼冬天落葉前葉色轉金黃

▲扇形葉，葉脈由葉基呈幅射向外至葉緣，葉端中央淺裂
　凹入，葉柄長 5~8 公分，葉長 3~5 公分、寬 5~8 公分

短枝

長枝

▲有長短枝之別，3~5 片葉叢生
　於短枝頂端，長枝之葉片互生

▲果橢圓形，徑 2.5 公分，具長柄

▲內種皮質地堅硬，
　灰白色，此即白果

◀冬季種實成熟，顏
色由綠轉金黃桔
色、終至黃褐色

▼雌花序頂端具心皮 2 枚，各附生 1
　胚珠，裸露於外，故為裸子植物

胚珠

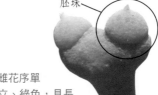

▶雌花序單
立、綠色，具長
梗，著生於短枝，
雌雄異株，花期春天

▼果熟後期落果滿地，肉質外種皮會散發惡腐臭味

松科植物的開花與結果

大部分松科植物都是雌雄同株異花，雄花毯多叢生於短枝梢，前一年秋季即已形成；雄花毯上有許多小孢子葉呈螺旋狀排列，小孢子葉基部有小孢子囊，亦稱花粉囊。成熟時花粉囊裂開，花粉散出。

雌花毯多著生於新枝條先端，許多苞片呈螺旋狀排列而成，苞片腋部著生一片花鱗，花鱗基部兩側各有一枚胚珠 (種子)。早春雌花毯綻放前數日，雄花毯的花粉已成熟，藉風力傳播。

雌花毯逐漸發育成毯果，花鱗亦漸肥大成果鱗，種子成熟時，果鱗裂開，散出種子。種皮常延伸成薄翅，藉風力傳播。

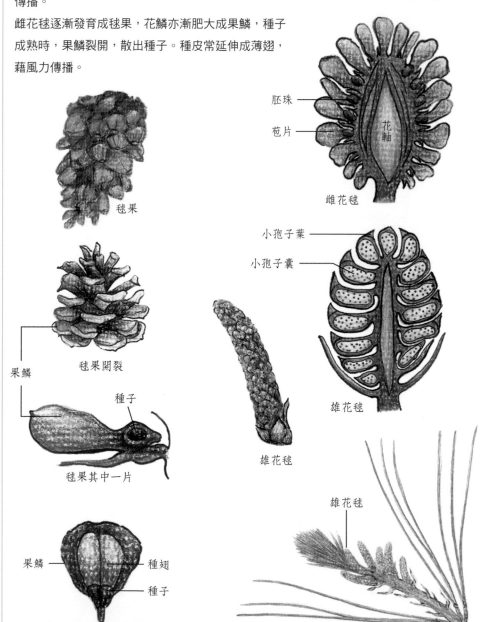

毯果

胚珠
苞片
花軸

雌花毯

毯果開裂

果鱗

種子

毯果其中一片

小孢子葉
小孢子囊

雄花毯

雄花毯

果鱗
種翅
種子

雄花毯

- 原產地
  印度喜馬拉雅山
  1220~3050 公尺

- 學名
  Cedrus deodara
- 英名
  Deodar cedar,
  Himalayan cedar

雪松

松科

葉面似被有白粉，全株如白雪覆蓋般，故名雪松。種名 *deodara* 意指喬木。喜歡陽光，耐熱亦耐寒，種植處須開闊，使枝條完全伸展，以呈現自然優美樹型。種子與雄花序為星鴉與煤山雀之食餌。

▼梨山

▼常綠大喬木

▲幼株外觀整齊呈尖錐形，小枝下垂狀，生長良好者其下枝甚至及地 (中國三星堆)

▼具明顯中央主幹，老樹皮粗厚，並有狹長、突脊狀裂紋，暗褐至黑色

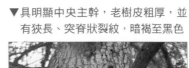

葉軟革質，長 2.5~5 公分、寬 0.1 公分。葉色由暗綠、淡綠、銀灰、藍灰至灰藍，呈現多樣色彩。

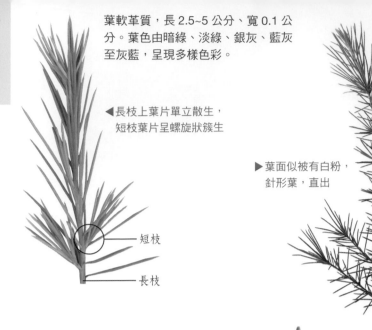

◀長枝上葉片單立散生，短枝葉片呈螺旋狀簇生

短枝

長枝

▶葉面似被有白粉，針形葉，直出

▼雄花毬綻放中（吳昭祥攝）

雌雄同株異花，雌雄花毬均頂生於短枝；雄花毬多數簇生。雌花毬卵形，長約 8 公分，淡紫至藍綠色、直出，單立或成雙，開花後轉為褐色。

類似植物：銀雪松 *C. atlantica*

葉片銀白色，此雄花毬尚未綻放。

▲雪松玫瑰：毬果成熟後，種子果鱗脫落，
尾端殘留的部分，形似玫瑰 (吳昭祥攝)

▼毬果卵橢圓形，直立短枝上。果
熟轉紅褐色，果長 8~12 公分、
徑 7~8 公分 (吳昭祥攝)

▲雄花毬

▼枝葉間有許多初形成的雄花毬，直立長圓柱形，
長約 6 公分，由多數雄蕊螺旋狀排列而成

▼雄花於早春或秋天綻
放，散放如雲霧般之黃
褐色花粉

臺灣油杉

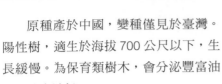

- 學名
  Keteleeria formosana
- 英名
  Taiwan cow-tail fir
- 臺灣特有種

原種產於中國，變種僅見於臺灣。陽性樹，適生於海拔 700 公尺以下，生長緩慢。為保育類樹木，會分泌豐富油脂，故名油杉。

▲單葉互生，略呈 2
列狀，嫩枝紅褐
色，嫩葉翠綠色

▲葉線形、扁平，硬革質，長
2~5 公分，寬 0.4 公分，全
緣略反捲，老葉暗綠色

◀毬果直立，圓柱狀長橢圓
形，長 7~15 公分，徑 6 公
分；果鱗圓卵菱形，緣具不
規則淺鋸齒，外表面具淺縱線

▼常綠大喬木
（臺北 228 公園）

▼樹皮灰暗褐
色，縱裂紋

◁樹皮紅褐至灰褐色，具
縱向深溝狀之大片龜
裂，片狀不規則剝離

・原產地
美國東南部各州

・學名
Pinus elliottii
・英名
Slash pine, Swamp pine

濕地松

　　英名 slash 係指獲取樹脂的方法，
乃以尖刀刺傷樹幹流出樹脂而得。原生
育地為美國佛羅里達州低海拔石灰岩表
層濕潤的土壤，因耐濕，故名濕地松。

　　適合亞熱帶氣候，垂直分佈 750 公
尺以下，陽性樹，喜溫暖、稍耐霜害。

　　針葉最外層是厚壁細胞的表皮，表
皮外面較厚的角質層，可防止水分蒸散
及保護，因而較耐乾旱。雄花序為白頭
翁與綠繡眼之鳥餌植物。

▲針葉簇生於特化短枝，葉基有葉鞘包裹

▼常綠大喬木，具中央主幹，
圓錐狀樹型 (東海大學)

▲單葉叢生，針形葉，2 或
3 針一束，葉長 20~30 公
分，長且軟、易彎垂

▲雌雄同株異花，多數褐色
雄花毬簇生成螺旋形

▲種子具刀狀長翅,含
　翅長 2.5 公分

▲果鱗扁平,鱗背淡紅褐色,鱗臍光滑,小尖　　▲毬果下垂,具短柄,卵圓錐形,長 10~15
　刺反曲,成熟果鱗張開,每片各有種子 1 粒　　　公分、徑 5~7 公分,淡紅褐色

類似植物比較　濕地松、日本黑松、琉球松 *P. luchuensis*

項目	濕地松	日本黑松	琉球松
針葉幾針一束	2、3	2	2
針葉長 (公分)	20~30	7~12	10~14
針葉軟硬	軟垂	硬直、尖端刺手	軟直
毬果長 (公分)	10~15	5	5

▼下圖均為琉球松

裸子與被子植物種子發芽的子葉數不同

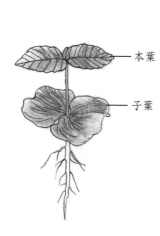

本葉

子葉

子葉

本葉

雙子葉植物發芽
有兩片子葉

裸子植物發芽
有多片子葉

單子葉植物發芽只有一片子葉

濕地松種子發芽圖

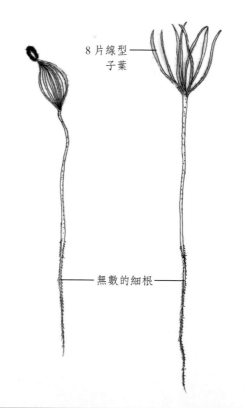

8片線型
子葉

種翅
種子

無數的細根

松科

臺灣五葉松

· 學名
Pinus morrisonicola
· 英名
Taiwan white pine
· 臺灣原生種

葉 5 針一束，原產於全島中低海拔山區，故名臺灣五葉松。其雄花序與種子為冠羽畫眉、紅頭山雀與青背山雀之鳥餌。垂直分佈海拔 2300 公尺以下，陽性植物。於 2011 年票選為臺中市樹。

▲老株幹面具龜甲狀裂紋、且呈不規則淺溝裂，暗灰至黑褐色，鱗片薄片狀、硬脆、開裂且多層次

▲常綠大喬木

▼造型樹 (臺中玥樓粵菜頂級餐廳)

▲單葉叢生，5 針葉
基部有包覆之葉鞘

▲針形葉，5 針一束，
葉長 6~8 公分

▼數 10 個雄花毬螺旋
狀繞生於枝條，枝端
繼續抽長並發新葉

種子

▼雄花盛開、發新葉景象

▲毬果略直生，卵橢圓形，長 7~12
公分、寬 4~5 公分，成熟時褐色

▼谷關龍谷飯店

日本黑松

・學名
Pinus thunbergii
・英名
Japanese black pine,
Black pine

・別名
黑松
・原產地
日本海岸、韓國、
中國東北部

　　陽性樹種喜陽光，須全日之直射光照。適合亞熱帶，耐寒、耐風、耐鹽，可種植於海岸。曾因松材線蟲肆虐臺灣，黑松被傳染，染病株變紅褐色枯死。雄花序為冠羽畫眉、紅頭山雀與青背山雀之鳥餌。

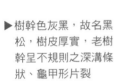

▶樹幹色灰黑，故名黑松，樹皮厚實，老樹幹呈不規則之深溝條狀、龜甲形片裂

▲具明顯中央主幹，第一側枝橫向伸展

▼常綠大喬木，幼樹多呈尖塔狀，隨樹齡增加，樹型轉變為開闊之傘形

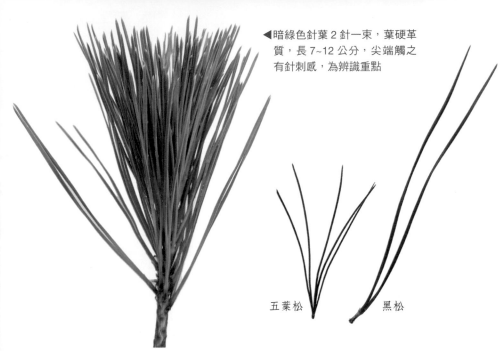

◀暗綠色針葉 2 針一束，葉硬革質，長 7~12 公分，尖端觸之有針刺感，為辨識重點

五葉松　　　黑松

▼原生育地為日本之海岸地區，耐風耐鹽

▼大型明顯之圓柱形頂芽長 1.2~2 公分，密覆銀白色毛茸

▼斑葉品種

▼矮性品種其針葉較密簇，植株較低矮

▲毬果成熟開裂，狀如球形松笠，具短柄

▼種子灰褐色，0.6 公分長，具
薄翅，種翅長度約為種子 3
倍，從樹上落下時會
在空中旋轉

種子 ——

種翅 ——

▲常對稱著生之卵錐形毬果，長約 5 公
分、徑約 4 公分，淡紅褐至灰褐色

嫩果

雌花毬

▲花單性，雌雄同株，春天開花

◀新枝下部著生黃色雄花
毬，成熟時花粉散出

▲雌花毬著生於新芽頂端，紅褐色，似小豆
般，由多數種鱗 (心皮) 疊生排成球形，每
個種鱗基部裸生 2 個胚珠

▼果鱗之鱗背平坦，鱗臍有小凸尖

· 原產地
中國

· 學名
Metasequoia glyptostroboides

· 英名
Dawn redwood, Water fir

水杉

為珍奇孑遺植物，同銀杏均是迄今仍殘存於世之珍貴活化石，1943 年首先發現於中國四川。

樹型整齊、枝葉細緻。喜陽光充足，不耐陰，適合亞熱帶氣候。

宿存枝 ———　　　　　冬落枝

▲枝條分宿存與冬落 2 類，宿存枝條較長、木質化、褐色，有對生的芽，僅少許生葉片。綠色冬落枝較短，對生於宿存枝，無芽，多數葉片對生；冬天，冬落枝與其上葉片一起凋落

▲落葉大喬木，老樹幹基會形成板根

▼幼樹冠尖塔形，具明顯中央主幹 (中國四川)

▼樹皮紅褐色，長條狀縱裂或剝離

水杉

◀羽毛般的冬落枝對生

▲此冬落枝狀似羽毛，無柄之線形葉對生且2列
狀，葉長 1~2.5 公分、寬 0.2 公分 Fules! Scient.

▲當年 10 月果實成熟，毬果長 1.8~2.5
公分、徑 1.6~2.3 公分，有 16~30 片
果麟，十字對生成 4 列。果麟盾形，
每 1 果麟有種子 5~9 粒。
種子扁平，周緣具薄翅，頂端微凹，
長 0.5 公分、寬 0.4 公分。

▼毬果懸垂，短圓筒形，初
為淺藍綠色，成熟暗褐色

▶雌雄同株異花，花腋出。
綠色雌花單立，長約 0.8
公分。雄花毬黃色，長橢
圓形，長約 0.5 公分，總
狀或圓錐花序長 30 公分

- 別名
  美國水松
- 原產地
  美國東南部低濕地區

- 學名
  Taxodium distichum
- 英名
  Bald cypress
  Southern cypress

落羽松

冬落枝

宿存枝

▲下部的宿存枝
條著生少許葉片，
羽毛般的冬落枝互生於宿存枝上部

▼春天發出翠綠新嫩葉 (清境魯媽媽)

冬季黃褐色羽片整個掉落似飄落的羽毛，故名落羽松。屬名 *Taxodium* 意指其像水松，*distichum* 指葉片二列狀。春天發出翠綠新葉，入冬變紅褐色，頗具四季變化。

較特殊之處乃會自地面鑽出膝根 (knees)，離樹幹數公尺遠仍可能出現。耐乾旱，又耐濕地，甚至可長在湖水、沼澤或河海交會的濕地。因土壤含氧量低，根部浸泡在水裡，為不致缺氧窒息，一部份的根就鑽出地面，在樹根周圍形成膝根，助其根部在水中呼吸；為何稱為膝根，可能因其高度約同人的膝蓋。

耐寒性強，又耐熱，亞熱帶甚至熱帶地區也可生長。喜陽光充足，部份陰暗或半日照較勉強。

▶如羽毛般小枝長 5~10 公分，小
枝上之線形葉片互生，二列狀

▼冬天落葉前，葉色可能轉紅褐、金褐色，短枝會與其上之葉片
如羽毛般同時掉落 (2021 年初大寒流過後，臺中惠宇觀市政)

▲落葉大喬木 (彰化菁芳園)

▼人行道植穴出現許多膝根 (臺中 7 期)

▼南庄雲水度假森林

▼生長於濕地或水中之老樹，根部
　常形成板根 (南庄雲水度假森林)

▼可生長在水中，幹基肥大
　(美國佛州 Cypress garden)

◀植株有明顯中央主幹，為典型之尖錐針葉樹型 (2021 年初大寒流過後，臺中旌旗教會)

▶綠色雌花毬由多數覆瓦排列之心皮構成，花期晚春至初夏

◀毬果球形、無柄，果徑 2~3.5 公分，有 10~12 片果鱗，果鱗盾狀、表面具皺紋

◀膝根造型像竹筍，表面光滑，頭部漸尖，可幫助根部在水中呼吸

▼樹皮深裂、纖維狀，紅褐色

▼果熟由綠轉為褐色並開裂，每一果鱗內有種子 2 枚，具翅

▶多數卵形雄花呈下垂之圓錐花序

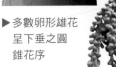

▼田尾菁芳園

類似植物比較　落羽松與水杉

	落羽松	水杉
小枝序	互生	對生

膝根	有	無
小葉序	互生	對生

	落羽松	水杉
葉	較短且窄 葉長 1~1.5 公分、寬 0.1 公分	較長略寬 葉長 1~2.5 公分、寬 0.2 公分
果	球形毬果、無柄， 果徑 2~3.5 公分， 有 10~12 片果鱗	橢圓形毬果、具長柄， 果徑 1.6~2.5 公分，有 16~30 片果鱗， 十字形對生成 4 列

· 臺灣原生種　　· 學名
　　　　　　　　　Calocedrus formosana
　　　　　　　　· 英名
　　　　　　　　　Taiwan incense cedar

臺灣肖楠

臺灣特有種，分佈於中北部海拔 1900
公尺以下，為一偏陽性稍近中性之樹種。

葉背之灰綠色氣孔帶

▶柏科植物中鱗片形葉較大、小
　枝扁平，單葉覆瓦狀排列。
　每一枝節有鱗片葉 4 片，
　十字對生，葉長 0.2 公
　分、寬 0.1~0.15 公分

▲枝條多位於同一平面

▲常綠大喬木 (新中橫行道樹)

▲三育基督學院

▼金門

▶雄花毬

▼雄花著生枝梢

▶果實長 1~1.5 公分，寬約 0.5
公分。果麟 4 枚，十字形對生

▼樹皮質軟，幹
面具深溝縱裂

▲成株分枝高，樹型呈圓卵型 (東海大學)

▼埔里暨南大學

・英名
Taiwan red cypress
・臺灣原生種

・學名
Chamaecyparis formosensis

紅檜

◀樹皮薄、淡紅褐色

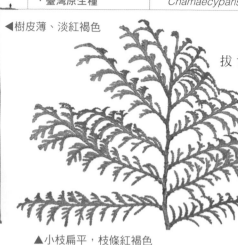

臺灣特有種，產全島中央山脈海拔 1000~2800 公尺森林中。著名的阿里山神木、拉拉山神木、雪山神木及觀霧神木均是。

種子為冠羽畫眉、青背山雀、白環鸚嘴鵯、綠繡眼與山紅頭等之鳥餌；紅頭山雀會取食雄花序。性喜陽光，日照需充足。不適臺灣平地高溫，耐寒。

▲小枝扁平，枝條紅褐色

◀常綠大喬木，此阿里山紅檜神木如今只能追憶

▶單葉覆瓦狀對生，細小鱗片狀

▼枝條下垂狀，葉長 0.2 公分、寬 0.1 公分

▼梅峰

柏科

藍柏

· 學名
Chamaecyparis pisifera cv. Boulevard
· 英名
Boulevard false cypress
· 園藝品種

　　耐寒、喜全陽，不怕強光，但不耐
強陰。

▶ 葉片柔軟，葉背粉白、僅中肋綠色。
　單葉叢生，針鑿形葉、略彎曲向內

▶ 夏天葉色銀藍綠，
　冬天轉藍灰色。幼年期葉
　片為褐色之針狀葉，葉型較狹
　長，種植在陰暗處亦會如此。葉
　長近 1 公分、寬 0.1 公分

▶ 常綠大灌木或小喬
　木，株高 2~5 公尺

· 學名
Cupressus macrocarpa 'Goldcrest'
· 別名
金冠柏
· 園藝品種

香冠柏

　　樹冠金黃色，亦名金冠柏；枝葉揉之具檸檬味，故名香冠柏。耐寒，平地亦可生長，陽性，全日照之直射光處，新葉金黃耀眼，光照愈少葉色愈轉綠色，過於陰暗無法存活。

◀也有針狀葉

▼枝紅褐色

▼耐寒 (武陵農場)

▼鱗片形葉、覆瓦狀排列。葉黃綠色，具二條白色氣孔帶，葉長 0.3 公分、寬 0.1 公分

▼常綠喬木，尖塔
狀樹型 (福壽山)

▼修剪成圓型

龍柏

· 學名
Juniperus chinensis cv. Kaizuka

· 英名
Dragon juniper

· 原產地
中國或日本

鱗片葉

枝葉茂密青翠，終年常綠挺立，象徵不怕風霜雨雪的精神。陽性樹，喜充足陽光。生長緩慢，自然樹型整正。

▶球果近圓球形、肉質、碧藍色，略被蠟質白粉

針狀葉

▲偶有針狀葉，長多 1 公分，3 葉輪生，多出現於陽光照不到的植株內部

▲雄花毬

▲果熟轉褐色

▶單葉覆瓦狀緊密排列，極細小之鱗片葉，十字對生，徑 0.1 公分。葉色濃綠，靠近枝葉可聞到一股特殊香味

▼花雌雄異株或稀為同株，春天開花

雌花

果

◀雌花毬頂生於小枝，球形、色綠，由 3~8 枚對生或 3 枚輪生的鱗片 (雌蕊) 組成，鱗片肉質狀

▶老株樹幹縱向溝裂、條片狀剝落，樹皮暗灰色

▼老株養護佳

▼常綠小喬木，
樹型尖塔狀

▼成株枝葉常斜上伸展，呈旋卷
扭轉之態勢，宛若遊龍盤旋抱
柱，亦類似龍角，因名龍柏

▼剪型龍柏

千頭圓柏 *J. c.* cv. Globosa

植株較低矮，樹冠圓球型

▼彰化全興工業區

柏科

偃柏

·學名
Juniperus procumbens
·英名
Procumbent juniper

·別名
鋪地柏、爬地柏
·原產地
日本、韓國海邊

幹匍匐生長、莖枝彎曲。喜全日
照，耐寒耐乾熱。

針狀

鱗片狀

▶葉片2型，鱗片與針狀；針葉
輪生，葉長0.7公分、寬0.1
公分，鱗片狀葉片似被白粉

▲常綠灌木，幹枝匍匐狀橫臥，
如地毯般鋪地 (臺中豐樂公園)

▲枝條近地面橫向伸展，幹彎
曲、小枝斜生 (中臺禪寺)

▼花雌雄異株或同株，花
小、白色，花期春天

▼株高多1公尺以下，冠寬可達2公尺，斜坡地適合栽植

·原產地
中國

·學名
Thuja orientalis
·英名
Oriental arborvitae

側柏

枝葉側立，故稱側柏。僅能忍受稍陰，陽光充足枝葉才會密實，黃金側柏需要直射之全日光照，葉色才艷麗。

▲常綠小喬木

▼黃金側柏 (*T. o.* cv. Aurea Nana)
株高可達 2 公尺，新葉金黃色

◀樹皮縱裂成條片
狀、褐至灰褐色

▼幼株呈卵形樹冠

▼大枝所有小枝以及葉
片，均在同一平面

側柏

▼花期春天，雌雄同株，花小型，雌雄花均頂生

雌花

雌花

長枝

短枝

▼果實成熟裂開，果鱗對生，質厚，除上部 1 對果鱗外，其它各著生 2 粒種子

▲單葉對生，覆瓦狀 4 列，鱗片形葉，背具明顯溝槽

◀種子卵橢圓形、褐色，厚實

▼果期 9~11 月，果長 1.5~2.5 公分，果實成熟轉木質化與褐色

◀未熟果實為肉質性、藍綠色，被白粉，每個果鱗具 1 略反曲之尖突

· 原產地
中國、
日本與琉球

· 學名
Nageia nagi
· 英名
Japanese podocarp

竹柏

　　葉形類似竹葉，故名竹柏。喜溫暖，需防霜害。成樹可在半日照或半陰處生長，直射陽光下亦生長良好，但幼株頗耐陰。

▼趣味小品盆栽，
適合室內觀賞

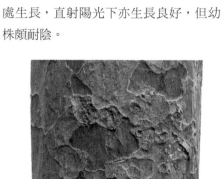

▲樹皮暗紫紅褐色，雲形剝落

▼常綠中喬木，樹型尖錐狀，
具中央主幹 (屏科大)

▼臺中陽明市政大樓停車場

竹柏

▶葉全緣，質厚實。葉面無中肋，有許多縱走之平行脈

翠綠新葉

葉面

▶單葉對生，葉卵披針形，二列狀，葉長 6 公分、寬 1.5~2 公分

深綠老葉

◀花期春天，雌雄異株，雄花粉散出

▼種實圓球形，果徑 1~1.5 公分，嫩果青綠色，外被白粉

▶雄花毬穗狀圓柱形，3~5 朵簇生於葉腋

其他品種

▲白斑竹柏

▲圓葉竹柏

・臺灣原生種

・學名
Podocarpus costalis
・英名
Lanyu podocarp

蘭嶼羅漢松

性喜溫濕和陽光充足，原生長於蘭嶼，耐鹽、抗強風，適合海岸防風樹種。

◀常綠小喬木，修剪成尖錐狀樹型

▼修剪成橢圓狀樹型

◀可塑型

◀臺中七期

▼臺中市街道

斑葉品種

▶ 單葉叢生，全緣、略反卷，新葉背灰白，革質，僅中肋明顯

▲ 葉闊線形，葉端鈍圓，葉長 5 公分、寬約 1 公分

▼ 雌雄異株，黃綠色雄花毬圓柱形，由多數雄蕊構成

雄花毬，尚青嫩

▲ 花粉爆出

▶ 核果青綠色被白粉，其下有肉質、肥大之橢圓形果托，熟時深紫黑色

· 原產地
中國、日本與琉球

· 學名
Podocarpus macrophyllus
· 英名
Large-leaved podocarp

羅漢松

種實與其下之果托類似羅漢之披袈裟，而其葉細長似松樹，故名羅漢松。陽性樹，亦可容忍半日照；性喜溫暖，稍耐霜害。

◀常綠中喬木，具明顯中央主幹，幼株樹型圓柱狀，隨時間樹冠漸闊展

▲大樹修剪成型 (日本)

▼修剪成綠籬 (美國佛州卡斯特羅聖馬可國家公園)

◀中國成都望江樓公園

▼老樹皮片條狀剝落

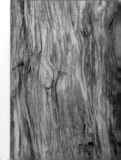

▶ 單葉叢生，全緣、略反卷，革質，僅中肋明顯，葉長 8~12 公分、寬 0.8~1 公分。線形葉，葉片硬挺直出，葉端漸尖

◀ 雌雄異株，此為雌花，綠色，花期夏天

▼ 核果青藍色被白粉，下方有紅色肉質、肥大之橢圓形果托，整體形似羅漢

▲ 雄花毬圓柱形，長 3 公分，常 3~5 個簇生於葉腋，黃色

▶ 結果纍纍

雀舌（珍珠）品種

- 別名
  埔里百日青
- 臺灣原生種

· 學名
Podocarpus nakaii
· 英名
Nakai podocarp

桃實百日青

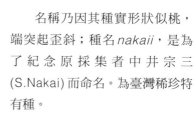

名稱乃因其種實形狀似桃，端突起歪斜；種名*nakaii*，是為了紀念原採集者中井宗三 (S.Nakai) 而命名。為臺灣稀珍特有種。

鮮紅成簇的新葉相當醒目，早年孩童採摘果托作為零嘴，亦是誘鳥植物。日照須良好，性喜溫暖，略耐寒。

◀常綠中喬木 (埔里國際暨南大學)

▼南投國姓臺 21 線中央分隔島

▼幹皮紋路略為斜生、灰紅褐色，疏鬆細長條薄片狀剝離

雌雄異株，雄花圓柱形、黃色，1~3 個簇生於葉腋，長約 3~5 公分，無柄。綠色雌花單立於新萌發枝條之葉腋。

▶ 果長約 1.5 公分、徑 0.8 公分，粉白綠色，有兩條不明顯之縱槽

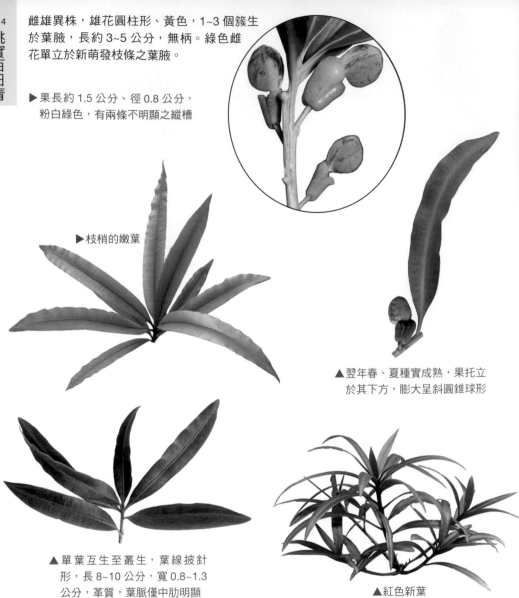

▶ 枝梢的嫩葉

▲ 翌年春、夏種實成熟，果托立於其下方，膨大呈斜圓錐球形

▲ 單葉互生至叢生，葉線披針形，長 8~10 公分，寬 0.8~1.3 公分，革質，葉脈僅中肋明顯

▲ 紅色新葉

類似植物比較

	蘭嶼羅漢松	羅漢松	小葉羅漢松	桃實百日青
葉	短而寬 端圓，緣略反捲	細長 端尖	短且細 端尖	長且寬 端尖，新葉淡紅色
葉片長、寬（公分）	5 >1	10 1	5 <1	10 >1
分佈地	蘭嶼海岸岩石地	恆春半島、蘭嶼森林	海岸山脈、花蓮近海山區	南投日月潭森林

・原產地
爪哇、新幾內亞、澳洲

・學名
Agathis dammara
・英名
Dammar pine

貝殼杉

日照需良好，不足將生育差，樹形不佳，耐高溫。

▲單葉對生，葉狹卵形，葉片似寬厚之竹葉，其上有平行脈

▲葉厚質，長 8~12 公分、寬 2~4 公分，葉柄長 0.3~0.8 公分

▼常綠大喬木

▲毬果（吳昭祥攝）

▼臺灣大學

▲老幹面

▲幹面有類似貝殼
的枝痕，故名之

▲由中央樹幹殘留的
枝痕，顯示第一側
枝向中央主幹輪生

類似植物比較 竹柏與貝殼杉

葉片都是卵披針形，對生，葉面有許多平行走向之葉脈，二者差異如下：

	竹柏	貝殼杉
科別	羅漢松科	南洋杉科
喬木類型	中喬木	大喬木
第一側枝向中央主幹	互生至對生	輪生
樹幹樹脂	無	有
葉長 × 寬 (公分)	較小，5~7×1.5~2	較大，6~12×2.5~4
葉味	揉碎有番石榴味	無味
果實	小型核果，長 1~1.5 公分	大型毬果，長 10 公分

竹柏的核果

貝殼杉的毬果

竹柏

貝殼杉

▲比較貝殼杉與竹柏的葉片

- 英名
  Hoop pine
- 原產地
  澳洲
- 學名
  Araucaria cunninghamii

肯氏南洋杉

適於亞熱帶氣候。日照需充足，不足處植株易徒長、樹形不良。成木後耐風力強，但幼時較弱。

◀常綠大喬木 (臺北新生公園)

▼金門縣政府

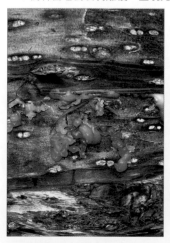

▼樹幹當老樹皮剝離後，呈現光滑之金屬光澤，皮孔數多且明顯

▼初秋毬果成熟，果鱗
各自脫落以散佈種子

—— 翅

▶單葉，老枝葉片
鑿形，葉端漸尖，
長 0.8~2 公分，堅硬而刺
手，螺旋狀疏生於小枝上

▼此乃未熟綠果，果鱗
先端尖銳向外反曲

◀幼枝葉片扁彎，
葉長 0.6~1 公分

▶毬果闊卵形，徑 6~8 公分，長 8~10
公分，嫩果綠色、成熟轉褐色

▼大側枝上之葉群圍
繞枝條環周生長

大側枝

▼具明顯中央主幹，側枝輪生，
樹型整齊對稱 (金門林務所)

- 別名
  南洋杉
- 原產地
  澳洲 Norfolk 島

- 學名
  Araucaria heterophylla
- 英名
  Norfolk island pine

小葉南洋杉

▼常綠大喬木，尖錐之層塔狀樹型 (東海大學)

　　英名 Star pine 乃因中央主幹向四周發出的側枝如星狀展開。頂端生長點非常重要，若死亡，植株型態會破壞，不再整齊對稱；因此當植株長得高大時，可於中央主幹頂梢裝置避雷針以防雷擊。

　　適合熱帶與亞熱帶地區，稍耐霜害，不耐酷雪。幼樹尚耐陰，成樹需充足日照，不足時生機轉劣、樹形不佳，愈陰暗處其枝葉愈軟垂。從小苗栽植，根易深入土壤，較耐風。全株被覆臘質，對潮風及鹽分抗力強，適海岸。

▲具中央通直主幹，第一側枝水平狀伸展

▼金門南洋杉大道，強颱後被破壞

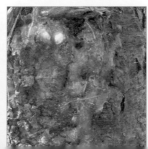

▼樹幹破裂處樹液流出，會凝固成透明樹脂，百萬年後便是琥珀

▼樹皮黑褐色，粗糙，裂成薄片狀

▲單葉，葉有 2 型，結果枝或老枝上之葉為長披針形，覆瓦狀密貼於枝條上，葉長 0.6 公分

▲營養枝、幼枝及側生小枝之葉片為粗針形，彎而尖，螺旋排列較疏鬆長 0.8~1.5 公分，寬 0.1~0.2 公分

▶雄花序毬果狀，單生於枝端，圓筒型、長 3~7 公分，由多數雄蕊構成。雄蕊覆瓦狀，並成螺旋狀排列，由綠色漸變淺黃色

▶卵圓球形之毬果，徑 12~16 公分

▼雌雄異株，花期春末。此雄花毬熟裂時，轉為黃褐色，黃色花粉飛逸出

◀果麟先端具反曲尖刺

▼ 4~7 個第一側枝輪生於中央主幹

▼小枝 2 列狀

▼東西向快速公路，臺西古坑線

類似植物比較　小葉南洋杉與肯氏南洋杉

肯氏南洋杉的樹皮金褐色，小枝環周分佈，葉堅硬而刺手；小葉南洋杉的樹皮黑褐色，小枝二列狀，葉柔軟、不刺手。

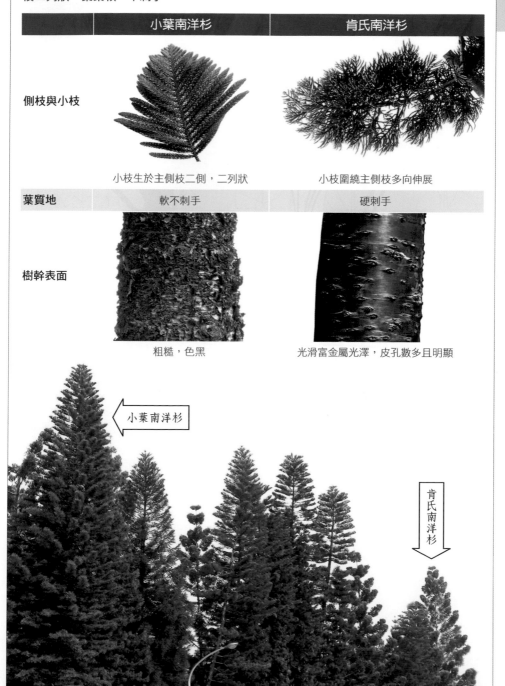

	小葉南洋杉	肯氏南洋杉
側枝與小枝	小枝生於主側枝二側，二列狀	小枝圍繞主側枝多向伸展
葉質地	軟不刺手	硬刺手
樹幹表面	粗糙，色黑	光滑富金屬光澤，皮孔數多且明顯

小葉南洋杉

肯氏南洋杉

貳

被子植物
一雙子葉

一

喬木

垂枝長葉暗羅

· 學名
Polyalthia longifolia
· 英名
Indian mast tree

· 別名
印度塔樹
· 原產地
印度、巴基斯坦、
斯里蘭卡

傳聞在佛教盛行的國家常被
當成神聖的宗教植物，可能因樹型細
尖筆直，酷似佛教中的尖塔，來自印度，
又名印度塔樹。葉為青斑鳳蝶食草。性喜溫暖
潮濕，不耐寒，栽植處最好陽光充沛。

▼羽脈約 20 對

▼主幹直立，樹幹斑駁

▼常綠喬木 (臺中州廳)

▶樹型直立長柱狀，植株越高、越顯細
　長 (新加坡濱海灣金沙酒店)

▶枝條與葉片下垂狀

▲單葉互生，葉狹披針形，全緣波浪，葉長
13~20 公分、寬 2~3 公分，葉柄長 1 公分

▼ 10~20 粒小果簇生成一個複合果，
橢圓形果實成熟轉為紫黑色

▲新葉紅色，紙質

▼春天開花，花略具芳香，特別會吸
引蝙蝠與飛蝠。花星狀、淡黃綠
色，腋生，6 單瓣，花瓣長披針形

樟科

樟樹

· 學名
Cinnamomum camphora
· 英名
Camphor tree
· 臺灣原生種

名稱可能因本草綱目：「其木理多文章，故謂之樟」，全株具樟腦之芳香氣味。樟腦曾是臺灣早期重要產業，有許多地名稱「樟腦寮」，乃早期熬製樟腦油的工寮集中地。

幼樹耐陰，成木喜全日照，稍耐低溫。果實為紅嘴黑鵯、白頭翁、赤腹鶇、斑點鶇、綠繡眼與赤腹山雀之鳥餌植物；葉為青帶鳳蝶及臺灣鳳蝶之幼虫食草。

▼臺大老樟樹

◀樹皮灰褐色、
　縱向淺溝裂

▼都市人行道之植穴過小，
　老樟樹之幹基肥大，會破
　壞鋪面 (東海大學旁)

▲低截成灌木狀 (古坑休息站)

▼老樟樹之幹基擴張形成板根

▼常綠大喬木，樹冠開展、枝葉茂密，是良好的遮陰大樹 (集集綠色隧道)

凸腺 ——

▲葉全緣波狀，葉端漸尖或具短尾，葉基鈍，
葉片懸垂狀，葉面暗綠色、背似被白粉

▲葉具離基 3 出脈，脈腋有腺窩
或凸腺，老葉變紅時更明顯

▶花序芽由多層苞片包裹

▲葉革質，葉柄長 2 公分，葉長
5~8 公分、寬 2~4 公分

▼春天開花，圓錐花序頂生或
腋生，花序長 5~6 公分

▲鱗芽，被多層鱗片包裹

▲果熟於 9~ 翌 1 月，綠果熟
時變紫黑色，鳥喜食之

▲單葉互生，葉橢圓或長卵形

▲漿質核果球形，果徑 0.6
公分，果托綠色、杯狀，
基部宿存未脫落的萼片

◀▲花極細小，冠徑 0.5 公分，6
花被，花為淡黃、乳白色

類似植物比較 樟樹、土樟與牛樟

樟樹葉片具離基 3 出脈，非 V 脈，葉片脈腋腺體較少；牛樟葉為羽狀脈，腺體多；土樟又稱網脈桂，意指其葉背網脈特別明顯，且葉片常對生 (前 2 者葉片互生)，近葉基具明顯 V 脈，無腺體。

中名 (學名)	土樟 (*C. reticulatum*)	牛樟 (*C. kanehirae*)
生長習性	常綠小喬木	常綠大喬木
葉序	對生或互生	互生

葉片長 × 寬 (公分)	5.5×2.5	10×4.5 (葉片較大)
葉形、葉脈	葉卵菱形， V 脈近葉基，背網脈明顯	葉橢圓形， 羽狀脈，各脈腋常見腺體

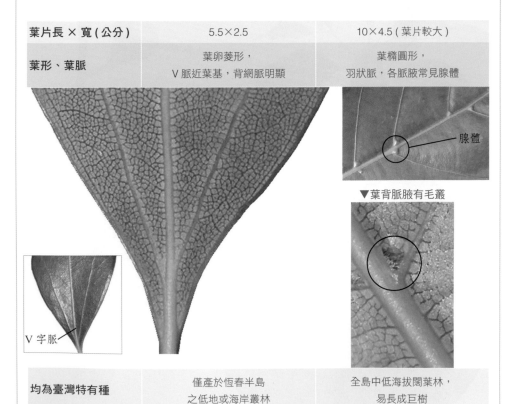

腺體

V 字脈

▼葉背脈腋有毛叢

均為臺灣特有種	僅產於恆春半島 之低地或海岸叢林	全島中低海拔闊葉林， 易長成巨樹

· 英名
Lanyu cinnamomum
· 臺灣原生種

· 學名
Cinnamomum kotoense

蘭嶼肉桂

▶新葉紅色，葉對生或近於對生

性喜溫暖濕潤，喜光又耐陰。

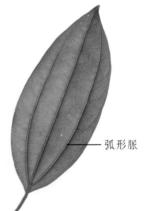

—— 弧形脈

▼核果橢圓形，長約 1.5 公分，果托杯狀，短圓齒緣，果梗長約 1 公分

▲卵橢圓形，葉革質、稍厚實，全緣、略反捲，葉長 9~15 公分、寬 7~9 公分

▲葉基弧形脈延伸近葉端，葉背網狀細脈尚顯著

▲杯狀花被 6 片，完全雄蕊 9 枚，第 3 輪花絲有腺體一對

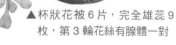

▼常綠小喬木，株高 3~6 公尺。全株光滑無毛，亦有栽植成灌木型

▼短聚繖花序頂生或腋生

陰香

· 學名	· 原產地
Cinnamomum burmannii	中國、東南亞

性喜溫暖、喜全日的直射陽光。

◀樹幹尚平滑

▲常綠中喬木

▼春季開花，聚繖狀圓錐花序
　腋生或頂生，花梗與花被
　均密生白色絹毛

截斷狀

▼花黃白色，6 花被

▲果實宿存之花被
　端呈截斷狀

▶四周地面可能自生多數小樹苗，
　但於都市綠地較不會造成危害

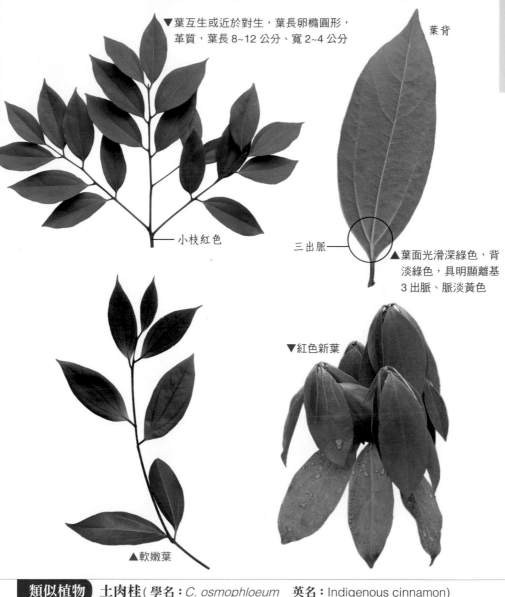

▼葉互生或近於對生，葉長卵橢圓形，
革質，葉長 8~12 公分、寬 2~4 公分

葉背

—小枝紅色

三出脈—

▲葉面光滑深綠色，背
淡綠色，具明顯離基
3 出脈、脈淡黃色

▼紅色新葉

▲軟嫩葉

類似植物 **土肉桂**(學名：*C. osmophloeum* 英名：Indigenous cinnamon)
原生種，葉片含在口中有甜味。

◀東海大學

類似植物比較　山肉桂（臺灣肉桂）、土肉桂與香桂

	山肉桂	土肉桂	香桂
學名	*C. insularimontanum*	*C. osmophloeum*	*C. subavenium*
生長習性	常綠中喬木	常綠中喬木	常綠大喬木
幹皮	尚平滑	尚平滑	老樹幹具雲片狀剝落
芽鱗	明顯	無	不明顯
環境差異	喜陽光	喜陽光	耐陰
腋序與腋脈	互生或略對生，3主脈，兩側脈較短，止於葉 2/3	互生或近於對生，離基3出脈	近對生，3出脈，長達葉尖

▲山肉桂　　　　　▲土肉桂　　　　　▲香桂

葉片長×寬（公分）	10×3	8~12×2~4	5~8×2~3
葉端	漸尖	漸尖	尾尖
葉背	光滑無毛	被白粉、初有柔毛後光滑	被褐色短絨毛、3出脈黃褐色

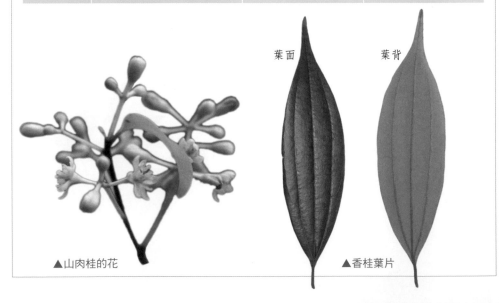

葉面　　　　　葉背

▲山肉桂的花　　　　　▲香桂葉片

樟科

· 原產地
　斯里蘭卡、中國、
　印度

· 學名
　Cinnamomum zeylanicum
· 英名
　Ceylon cinnamon

錫蘭肉桂

全株具肉桂香味，乃一般食品所添加的肉桂粉。性喜高熱、全日的直射陽光。為青帶鳳蝶之幼蟲食草。

▲新葉片紅紫色

▲單葉對生，葉卵披針形，葉基 V 脈

葉背　　葉面

▲葉革質，柄長 0.5~2 公分，葉
　長 9~15 公分、寬 3~7 公分

◀常綠小喬木，一年四季除
　冬天外，常發出紅嫩新葉

▼樹幹灰黑粗糙，皮孔明顯

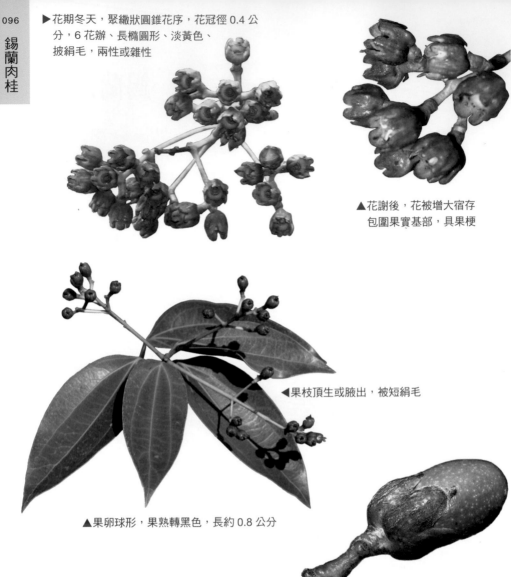

▶花期冬天，聚繖狀圓錐花序，花冠徑 0.4 公分，6 花瓣、長橢圓形、淡黃色、披絹毛，兩性或雜性

▲花謝後，花被增大宿存包圍果實基部，具果梗

◀果枝頂生或腋出，被短絹毛

▲果卵球形，果熟轉黑色，長約 0.8 公分

▲果托杯狀，膨大，具齒裂

類似植物比較　蘭嶼肉桂與錫蘭肉桂

錫蘭肉桂新葉豔紅色、全株具肉桂香味

	蘭嶼肉桂	錫蘭肉桂
株高 (公尺)	3~6，植株較低矮	5~10
葉序	對生，偶有互生	對生
葉形	卵橢圓形	卵披針形，葉片較狹長
葉基 V 脈	較近葉尖	未達葉尖
葉兩面顏色差異	較不明顯	較明顯，葉背淺綠色

· 別名
　大果厚殼桂
· 臺灣原生種

· 學名
　Cryptocarya elliptifolia

菲律賓厚殼桂

樟科

▼果熟漸轉紅褐色

　除臺灣外，亦分佈於菲律賓，故名之。臺灣僅見於蘭嶼，但原生育地已瀕臨絕滅，屬於小而持續下降且狹隘族群，分佈中至低海拔森林。性喜高溫多濕，喜充足陽光，幼樹耐陰。

▼常綠喬木

▲果實圓球形為增大的花被所包覆，熟轉黑色

▼樹幹黑褐色、細龜裂

菲律賓厚殼桂

▶卵橢圓形葉長約 10 公
分、寬 4 公分，葉柄長
約 1.5 公分。革質，羽
狀側脈 5~7 對

◀單葉、互生，新葉色偏黃

▶倒卵形花被 6 片

▲▼圓錐花序腋生

· 別名	· 學名	樟
潺槁木薑子	Litsea glutinosa	科
· 原產地	· 英名	
金門	Gluey bark litse	

潺槁樹

陽性樹，適高溫濕潤，不耐寒。耐乾旱、耐鹽、抗風。加點水揉搓葉片，有黏膠汁液，曾作為製藥丸之粘合劑。花與葉片是青鳳蝶、黃邊鳳蝶、斑鳳蝶、白挵蝶、斐豹蛺蝶的幼蟲蜜源與食草。

▲幹淺灰褐色

▲綠果面散布白點

◀常綠小喬木，株高 5~8 公尺，(金門)

▶球形果、徑約 0.7 公分，粗短的綠色果梗，果托略膨大，果期 9~10 月。果熟黑色

◀臺中之中科管理局

潺槁樹

葉背

葉面

▲嫩葉背灰綠色、被毛

▲葉橢圓形，長 7~12 公分，寬
3~5 公分，葉柄長 2 公分。近
革質，全緣，羽側脈 7~10 對

雌花，總苞片 4

▲▶雌雄異株，單性花，繖形或複繖形
花序、腋生；花苞與梗密被毛茸，
5~6 月開花，小花、淺黃色

雄花

▲單葉互生，翠綠新葉

▼嫩枝芽被毛茸

· 英名
Large-leaved machilus
· 臺灣原生種

· 學名
Machilus japonica var. *kusanoi*

大葉楠

葉片較大故名之，葉片和樹皮具樟科特有香味。垂直分佈多 1000 公尺以下之溪谷陰濕地，耐陰、耐濕、耐熱、亦稍耐寒。果實鳥類喜食，葉片是青帶鳳蝶的幼蟲食草。

▼漿果球形，徑約 1 公分

花被宿存

▲花被片於花後增大 2~3 倍、反捲，宿存於基部，果熟紫黑色

▶小枝粗壯，枝條上一道道密集的線條，乃前一年芽苞脫落後留下的痕跡

芽鱗痕

▼樹皮灰褐色，縱裂紋與斑點呈暗紅褐色

▲常綠大喬木，全株多光滑

大葉楠

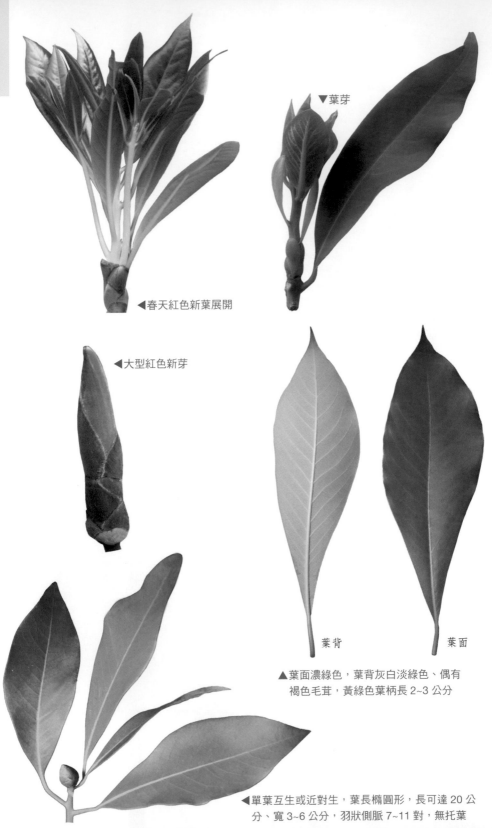

▼葉芽

◀春天紅色新葉展開

◀大型紅色新芽

葉背　　　　　　葉面

▲葉面濃綠色，葉背灰白淡綠色、偶有
　褐色毛茸，黃綠色葉柄長 2~3 公分

◀單葉互生或近對生，葉長橢圓形，長可達 20 公
　分、寬 3~6 公分，羽狀側脈 7~11 對，無托葉

◀▼花被長橢圓形、黃綠色，無萼瓣之分

◀鱗芽外有多層葉狀苞片，
即芽苞，淡粉綠色

▼春天一叢叢的紅葉群於枝梢出現

◀圓錐狀聚繖花序著生於新
枝腋處，多光滑少毛；花
冠徑 0.7 公分，6 單瓣

▼花期春天，紅色新嫩枝葉與花芽同在
一芽苞內，是混合芽，芽較大型

樟科

紅楠

·學名
Machilus thunbergi
·英名
Red machilus

·別名
豬腳楠、鼻涕楠
·臺灣原生種

臺灣生育範圍甚廣，自濱海至內陸，垂直分佈 2000 公尺以下。新嫩芽外圍有層層葉片狀的紅色苞片保護著，當新葉長出時，苞片紛紛掉落，豔紅的嫩葉是一年中最美時刻；再加上葉柄、果梗和嫩枝都為紅色，故名紅楠。豬腳楠之名乃因膨大芽苞狀似豬腳。樹皮受傷時會流出像鼻涕一樣黏黏的液體，故名鼻涕楠。

暖溫帶至亞熱帶均適合，幼樹耐陰，成樹則全日照、半日照或稍蔽蔭處皆宜。葉片是青帶鳳蝶幼蟲的食餌。

▼單葉互生，葉形變化多，長卵、長橢圓、或橢圓披針形等，革質至厚革質，葉長 10 公分、寬 2.5~4 公分

▶綠葉面光滑，葉背初被長軟毛、旋即平滑、色蒼白灰綠、中肋隆起；羽狀側脈約 8~11 對

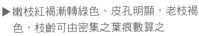

▶嫩枝紅褐漸轉綠色、皮孔明顯，老枝褐色，枝齡可由密集之葉痕數算之

▼常綠中 ~ 大喬木

▼樹皮粗糙灰褐色、具縱向、深色之窄細裂紋

新枝 ——

芽鱗痕 ——

老枝 ——

◀冬春之際，花芽與葉芽都包裹在具保護作用的苞片內

◀芽紅色，初春時挺立枝梢，遠看像支紅燒豬腳

▲枝梢覆瓦狀排列的苞片，待紅葉展開後就紛紛掉落

◀綠色球形核果，徑 0.5~1 公分，果梗鮮紅色，基部具宿存、反捲之花被

▲果漿質，熟呈暗紫色，果熟於 5 月中旬~6 月上旬

▲總花梗基部具苞片數枚，苞片長橢圓形

▲初期

▼花兩性，聚繖狀圓錐花序，
自枝梢葉腋完全伸出

▶花被筒短、6裂
片，長約0.6公
分，花色黃白

▲花開始轉為果實

▲花芽中期

・臺灣原生種

・學名
Machilus zuihoensis
・別名
瑞芳楠

香楠

　特產於臺灣低、中海拔 1800 公尺以下之闊葉樹林下層。種名以瑞芳地區所採的標本來命名，亦稱瑞芳楠。樹皮具黏性，5~9 月間剝取，為製造線香之粘著料 (又稱楠仔粉)，故稱香楠。陽性、尚耐寒。

◀樹幹皮孔明顯，具淺
縱裂，粗糙、暗灰褐色

▼常綠大喬木 (臺中中科公園)

▼東海大學生科系

類似植物比較　楠屬與樟屬

楠屬 (*Machilus*) 花被於授粉後不會脫落，宿存於果實基部；而樟屬 (*Cinnamomum*) 果實下部為淺杯狀果托，可依此區別兩屬植物。

類似植物比較　大葉楠、紅楠與香楠

大葉楠葉長可達 20 公分，紅楠葉片較厚實，葉揉搓，味強烈。香楠葉片較薄、揉搓具電線走火的燒焦味，僅紅楠與香楠之果梗呈鮮紅色。

葉面　　　　　　　葉背

▲葉片橢圓形，長 8~20 公分、寬 5~8 公分，
葉柄長 2~4 公分；葉背色較淺，粉白綠

▲果形與果色依品種而異，長
10~18 公分，徑 6~14 公分

▲ 1~4 月開花，聚繖狀圓錐花序

▼小花具短梗，多數而密集，淡綠色

▲花被 6 片，長 0.5 公分

· 別名
　蠟樹
· 臺灣原生種

· 學名
　Hernanadia nymphaeifolia
· 英名
　Sea cups

蓮葉桐

葉片表面好似塗了一層蠟，故稱蠟樹。果實具疏鬆之纖維質海綿組織的空腔，中空構造可增加浮力，種子於其內猶如乘坐於圓桶中，易隨海水漂游，因其生長於海岸林，果實需藉海流來傳播。原生育於恆春海岸原生林，當地數量少，已瀕臨滅絕。

　　垂直分佈 200 公尺以下，熱帶樹種，喜充足陽光，耐風及耐鹽，適海岸防風林樹種。

▲單葉互生，厚紙質，葉長 12~30
　公分、寬 10~25 公分

▼常綠喬木 (臺中科博館)

▲盾狀葉似蓮花，故名之

▼老樹幹灰色，並有
　白、褐色之明顯裂紋

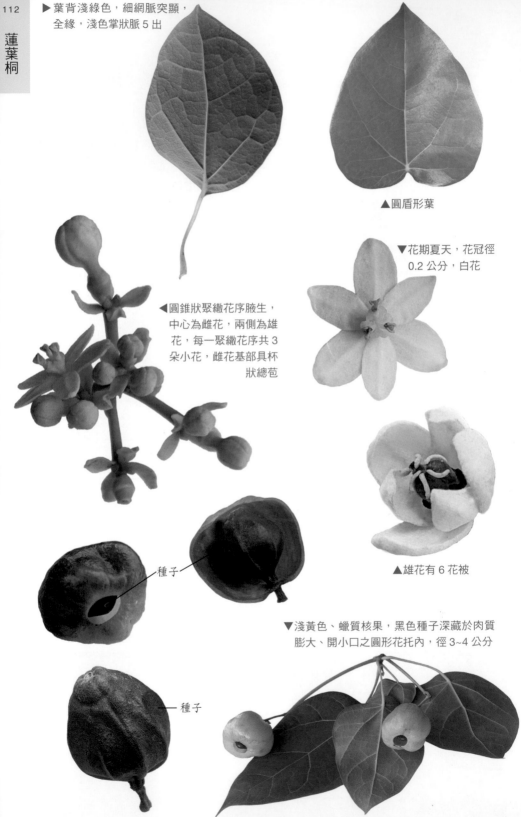

▶葉背淺綠色，細網脈突顯，全緣，淺色掌狀脈5出

▲圓盾形葉

▼花期夏天，花冠徑0.2公分，白花

◀圓錐狀聚繖花序腋生，中心為雌花，兩側為雄花，每一聚繖花序共3朵小花，雌花基部具杯狀總苞

種子

▲雄花有6花被

▼淺黃色、蠟質核果，黑色種子深藏於肉質膨大、開小口之圓形花托內，徑3~4公分

種子

· 別名
　卵果肉豆蔻
· 臺灣原生種

· 學名
　Myristica ceylanica var. *cagayanensis*
· 英名
　Cagayan nutmeg

蘭嶼肉豆蔻

產蘭嶼及綠島，於蘭嶼多見於天池附近之森林中，喜生長於較平坦之坡面。垂直分佈海拔高度 300 公尺以下。適合熱帶與亞熱帶氣候，成樹須陽光，耐風、耐鹽。

◀新葉捲曲狀，背面密被金褐色毛茸

◀枝梢密被銹色毛茸

▼葉背淺綠色，黃色中肋顯
　著隆起，葉片厚革質

▼常綠大喬木

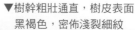

▼樹幹粗壯通直，樹皮表面
　黑褐色，密佈淺裂細紋

雄蕊 8 枚

雄蕊與花絲
連合成圓柱型

▲雄花剖面

◀雌花多 2~3 朵
簇生、腋出，花
柱 1 枚，圓錐形

◀單葉互生，長橢圓形葉，全緣，
無托葉，葉長 15~25 公分、寬
5~10 公分，羽狀側脈
14~18 對，端鈍、基鈍
圓，葉柄長 1~2 公分

▼花期 4~7 月，雄花為聚繖花
序，腋生，被銹褐色毛，花
被 3 裂，黃白色

種子外覆紅色、不整齊條
裂狀之肉質假種皮

▼果實內有種子 1 粒，長約 3.5 公
分，徑約 2 公分 (吳昭祥攝)

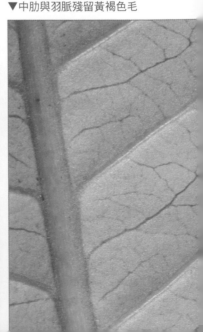

▼果期 12~ 翌 7 月，果實卵橢圓形，長 4~5
公分，表面密被褐色毛茸 (吳昭祥攝)

▼中肋與羽脈殘留黃褐色毛

薔薇科

· 別名
　恆春山枇杷
· 臺灣原生種

· 學名
　Eriobotrya deflexa
· 英名
　Taiwan loguat

臺灣枇杷

特產於臺灣全島海拔 1500 公尺以下的闊葉林內。性喜高溫、濕潤和陽光充足，耐陰性差，不耐寒。果肉厚而多汁，野鳥愛吃，臺灣獼猴尤其喜食。

◀新葉紅褐色、密覆毛茸

▲老葉先轉為紅色再掉落

▲單葉互生，葉革質，長 15~20 公分、寬 5 公分，葉柄長 2~4 公分

▶卵長橢圓形葉，葉面綠色，背淺綠色，葉端鈍，葉基楔形，葉緣鈍疏鋸齒；羽狀側脈 9~12 對

▼常綠小 ~ 中喬木

葉背

◀黑褐色樹幹具明顯皮孔

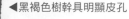

▲ 梨果橢圓至球形，長約 2 公分，成熟時呈黃、橙黃或紅橙色，外被褐色短毛，果端具宿存花萼。內藏種子 1~5 粒

▲ 花期依地區而異，頂生圓錐花序，被褐色毛茸。5 單瓣，花瓣倒披針形，先端深凹。花白色，花冠徑 1~2 公分，萼筒宿存

類似植物比較　臺灣枇杷與枇杷

枇杷係臺灣經濟果樹，而臺灣枇杷乃本土植物，野外山林常見。兩者頗相似，最大差異為枇杷較臺灣枇杷毛茸更多且明顯，不論是新葉、花序以及果實都滿佈毛茸。

	老葉掉落前變紅	葉毛茸	葉長 × 寬（公分）
臺灣枇杷	明顯	僅嫩葉有毛茸	葉片較寬闊，15~20×5~8
枇杷	無	嫩葉毛茸多且明顯葉背滿佈黃褐色毛茸	葉片較狹長，15~30×5~10

▼ 以下為枇杷　　　　　　　　葉佈滿毛茸

葉背

葉面

花

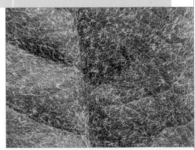

新葉毛茸黃褐色

·原產地
新幾內亞、澳洲、
紐西蘭

·學名
Acacia auriculiformis
·英名
Earleaf acacia

耳莢相思樹

▼ 長橢圓鐮刀形假葉
(由葉柄演化而成)、
互生,平行脈 3~7 條

木質果實成熟時旋卷
似耳,故名之。喜高
溫多濕,全日照。生
長快速、耐瘠。

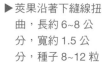

▶ 枝條下垂狀

▼常綠喬木 (臺中東大公園)

▶ 莢果沿著下縫線扭
曲,長約 6~8 公
分,寬約 1.5 公
分,種子 8~12 粒

▶ 葉形似相思樹,
但葉片較大,長
12~16 公分,寬
多不超過 3 公分

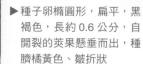

▶ 種子卵橢圓形,扁平,黑
褐色,長約 0.6 公分,自
開裂的莢果懸垂而出,種
臍橘黃色、皺折狀

▶黃色小花，密集著生的穗狀花序，長4~10公分

▶花多為5之數，花瓣長圓形，長0.2公分，花絲長約0.3公分

▼盛花期是10月

類似植物比較 相思樹、耳莢相思樹與直幹相思樹

同屬喬木，都是假葉

	相思樹	耳莢相思樹	直幹相思樹
假葉形狀	彎曲長鐮刀狀、縱脈3~5	彎曲長鐮刀狀、縱脈3	長卵狀、縱脈4~5
假葉寬	較窄、寬多1公分	寬多3公分內	較寬，寬達5~6公分
果莢	直出、不扭曲	扭曲	扭曲

- 別名
  旋莢相思樹、
  大葉相思樹
- 原產地
  澳洲

- 學名
  Acacia mangium

直幹相思樹

於陽光充裕、氣候溫暖處，生長迅速，根系具固氮細菌，能肥化貧瘠土質。

▲腋生總狀花序

▲花序長約 10 公分，花淡黃色

▼常綠中喬木 {豐樂公園}

▼具明顯、筆直之中央主幹，幹面有大大小小的塊裂，幹基會形成板根

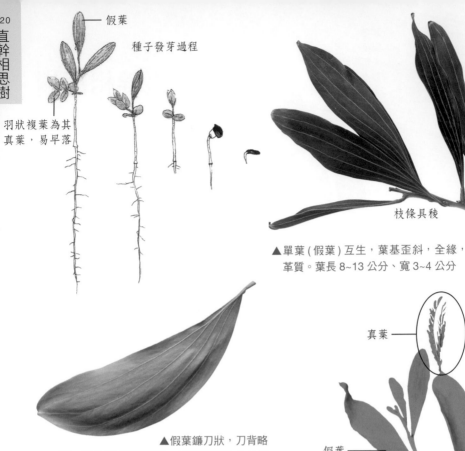

假葉

種子發芽過程

羽狀複葉為其
真葉,易早落

枝條具稜

▲單葉(假葉)互生,葉基歪斜,全緣,
　革質。葉長 8~13 公分、寬 3~4 公分

真葉

假葉

▲假葉鐮刀狀,刀背略
直,刀刃處呈弧形彎曲,有明顯縱脈 4~5 條

▶一般常見之葉狀物乃其羽葉之總柄,又名假葉,真
　葉為二回羽狀複葉,著生於假葉上方,種子剛發芽
　時會出現,此圖之真葉乃經截頂之強烈刺激而發生

▼種子長方形,自莢果裂縫中垂懸
　而出,色橙紅,端有黑斑塊

▼莢果乾熟開裂,長約 8~10
　公分,細長旋扭糾纏成團

· 原產地
熱帶美洲

· 學名
Leucaena leucocephala

銀合歡

▼恆春半島多處已氾濫

▼澎湖蔓延廣

▼落葉小喬木或大灌木

　　臺灣垂直分佈海拔 500 公尺以下，適合平地氣溫，喜陽光充裕，但僅於中性或鹼性土壤生長良好，不耐酸性土壤，臺灣北部土壤屬於酸性，致生長較差，中南部常見大片植群。

　　臺灣早期引進作為造紙原料，以推動經濟造林，但紙漿工業原料改用進口木片後，即被棄置，卻造成嚴重的生態問題。因其生長極迅速，繁殖容易，每年可生產為數眾多的種子，種子保存力長久，在土壤形成種子庫。再加上優勢性極強，生命力強勁，極耐乾旱以及抗貧瘠土壤等多種優點，本是荒地造林的樹種，但因排他性強，其生長區域會抑制其他原生植物侵入，此相剋作用更增強其競爭能力，易形成純林。其地面層因不易蔓生地被，雨水穿過其稀疏枝葉，直接沖刷土壤，不僅水源難涵養，亦容易造成水土流失，也欠缺調節氣候以及維持生物多樣性的功能。入侵處難以恢復成原有的植群。

◀樹幹略粗糙

▲小葉長方形，葉端鈍，葉基歪，全緣

腺體

▲ 莢果扁平，長約 10~16 公分，熟果赤褐色、富光澤，內藏種子 10~20 粒

▲總柄之頂生羽葉對生處有綠色腺體一枚

◀2 回偶數羽狀複葉，小葉 8~12 對，羽片 4~8 對，總柄之羽葉著生處常有腺體

▶大葉互生，羽片與小葉皆對生

▶花序具長總梗，花序徑 1 公分，小白花，5 單瓣，雄蕊 10 枚

▼每花序有小花 200 餘朵，中央褐色小顆粒是尚未綻放之花苞

◀葉面綠色，背面粉白綠，小葉長 0.5~1 公分、寬約 0.4 公分、無柄，紙質

· 原產地
　熱帶亞洲、美洲

· 學名
　Pithecellobium dulce
· 英名
　Manila tamarind

金龜樹

　　小葉片斜卵形，2對生葉片展開形似金龜子的雙翅飛翔，故名金龜樹。成樹耐鹽且抗風，可做為海岸第2線防風定砂樹種。日照須充足，性喜高溫多濕。

▲枝節上有刺針，
　乃刺狀托葉

▲幹上常有許多瘤狀凸起

▲幹龜裂

▼落葉中喬木 (臺中敬德護理之家)

▼樹幹少筆直，常彎曲歪斜 (臺中公園)

金龜樹

▼莢果線形，長約 14 公分，念珠狀，螺旋狀扭捲，
形態奇特，成熟時淡紅色。每果含種子 6~8 粒

▲2 回偶數羽狀複葉互生，小葉
1 對、羽片 1 對，2 回 2 出複葉

◀2 小葉基部之葉柄
頂端有腺體 1 枚

腺體

葉背

▲小葉對生，葉斜卵形，全緣，平行側脈 5~6
對明顯，葉基鈍歪，小葉無柄或柄極短小

▼花期春至初夏，圓球形之頭狀花
序，排列成圓錐花序，花絲綠白
色，花序徑 0.5 公分

彩葉品種 小葉長 2 公分、寬 1.5 公分。

· 別名
　酸果樹
· 原產地
　非洲、亞洲南部

· 學名
　Tamarindus indica
· 英名
　Tamarind

羅望子

葉片小，全株枝葉質感細緻。果實乾熟可食其果肉，亦可製成蜜餞。

◀ 臺中文修公園

▲ 1 回偶數羽狀複葉、互生，長 8~15 公分；小葉 8~15 對、對生。小葉長橢圓形、無柄、全緣，長約 1.5 公分，寬約 0.3 公分

▼ 常綠中大喬木 (臺中文修公園)

▼ 樹皮灰黑色，老幹面具縱粗裂紋

▲花 5 瓣，3 枚黃
色、有紫紅色脈紋，
另 2 枚退化為鱗片狀

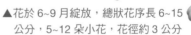

▲花於 6~9 月綻放，總狀花序長 6~15
公分，5~12 朵小花，花徑約 3 公分

▼莢果長圓筒狀，長 5~15 公分，徑約
2 公分，黃褐至黑褐色，種實
間常呈緊縮狀

▼果皮脆薄，內含軟質褐
色果肉，味酸略似醃梅

◀形狀不一的黑褐色種子

· 原產地
　印度

· 學名
　Dalbergia sissoo
· 英名
　Indian rosewood

印度黃檀

與烏柏差異

類似烏柏，2者葉片皆為卵菱形，大小亦類似。不開花、未結果時之差異：

烏柏為單葉，葉基有一對細小腺體，植物體多無毛茸；印度黃檀為羽狀複葉，嫩枝、葉均被有褐色細軟毛，無腺體。

陽性樹，海拔分佈 500 公尺以下，不耐霜害，喜好溫暖。

蝶形花科　蝶形花科植物均為蝶形花冠，最上方花瓣特大為旗瓣；中間2 瓣為翼瓣；下方一對於底緣合生，為龍骨瓣；5 瓣排列如蝴蝶般，故稱蝶形花冠，具單體雄蕊 9 枚

▼落葉大喬木，枝葉細緻
　（臺中教育大學）

旗瓣

翼瓣

龍骨瓣

▼樹皮灰褐色，大塊、片層分離

▶花徑 0.8 公分，5 瓣，花黃色

▼一回奇數羽狀複葉，小葉 3~5 片、
互生，頂小葉最大，總葉軸曲折狀

▶花期 3~5 月，短圓錐
花序腋出，兩性花

小葉柄

中
軸

▲小葉柄粗短與中軸粗細不同

▲複葉互生，革質，有托葉，小葉長 3~7
公分、寬 4~6 公分、柄長 0.3~0.5 公分。
小葉闊卵菱形，全緣，羽狀側脈 4~6 對

▼枝葉細緻

▲莢果線披針形，翅扁平狀，長 8 公分，寬 1
公分，成熟時由黃綠轉淡褐色，熟時不開
裂，內藏種子 1~3 粒，種子扁平，淡褐色

Formosa sweetgum
· 臺灣原生種

· 學名
Liquidambar formosana

樹脂具芳香，莖枝揉搓時會散發一股甜香氣味，故名楓香。多分佈於海拔1800公尺以下。每年隨溫度降低，葉片內的花青素與葉黃素取代葉綠素，葉色轉變成黃紅色，當低溫持續、日夜溫差大，且白天日照強時，紅葉越發漂亮，為有名之賞楓植物。壽命長，有許多百年以上之老樹列入保護中。

▲低溫豔陽加上日夜溫差大，葉色轉紅（台中 COSTCO 附近）

▼果熟於 11~ 翌 3 月，熟轉黑褐色。多數小蒴果於基部癒合呈頭狀之聚合果，徑約 2.5 公分，刺狀果面乃花後由花柱伸長形成，先端裂開，內僅有 1~2 粒完全種子

▲完全種子具翅，長橢圓形，長約 0.7 公分

▼低溫致導低海拔的葉片也可能變紅，葉色多層次變化 (臺中市區)

▲臺中七期　　▼滿地落果，光腳踩會刺傷

▲葉革質，葉柄長 5~10 公分，
葉長 7~15 公分、寬 6~10 公分

▲落葉大喬木，幼株樹型尖錐狀，老
樹則開展成卵圓形 (東海大學農院)

▲具明顯中央主幹，樹幹黑
褐色、具縱走之深溝裂紋

▶冬天落葉前葉色能可轉紅褐或黃紅色，視氣候狀
況而異，落葉期為 12~ 翌年 2 月 (臺中中科公園)

▼奧萬大以賞楓聞名，以楓
香為主，此景只能追憶

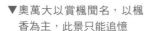

▶單葉互生，細鋸齒緣，掌狀多3裂，偶有5裂，多中裂，裂片三角形

已謝雄花序

雌花序

▲花芽

◀3月中旬~4月中旬開花，花單性，雌雄同株，與新葉同時出現。銀白新芽密覆毛茸，新嫩葉紫紅色

▼雄花，排列成總狀花序，雄蕊多數，花絲長 0.15 公分

雄花序

雌花序

▼雌花序頭狀，具細長的總花梗，花柱長1公分

法國梧桐

| ·學名
Platanus orientalis
·英名
Oriental plane | ·別名
懸鈴木
·原產地
歐洲 |

全球頗負盛名的觀賞喬木，較受矚目的觀賞特色即是白色光滑的乾淨樹幹。陽性樹，需充分的全日照。尚可勉強適應亞熱帶氣候，耐寒性強，較不耐高熱。

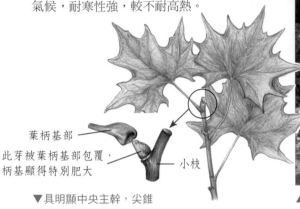

葉柄基部

此芽被葉柄基部包覆，柄基顯得特別肥大

小枝

▼具明顯中央主幹，尖錐樹型 (日本京都御院)

▲樹幹灰褐白，白色樹皮常呈大塊、薄片層狀脫落 (美國野口勇花園 Noguchi Garden)

▼老樹可高達 50 公尺

▼老樹幹基可能形成板根

▼落葉大喬木

◀ 單葉互生，掌狀 3~7 裂葉，葉緣不規則齒牙

柄基肥大

▲ 葉柄長 8~15 公分，柄基肥大，葉革質，幅寬 8~20 公分

▲ 幼葉與嫩枝密被褐色毛茸

▲ 圓形托葉環抱一圈

▼ 雌花序下垂

▶ 雌雄同株異花，4~5 月綻放，2~6 個頭狀花序排列成總狀花序，腋生懸垂，密生毛茸，雌花紅色

一串雌花序

雄花

雄花序球狀

雌花

◀ 果實由多個小堅果聚成球狀，徑約 2.5 公分；熟時黃褐色，有刺

垂柳

· 學名
Salix babylonica
· 英名
Weeping willow

· 原產地
中國

　　屬名 *babylonica* 乃因古早時期就栽植於中東，沿著底格里斯河與幼發拉底河的巴比倫尼亞 (Babylonia)，古代東方一國家的所在地，故名之。長枝條下垂狀，如掛簾，又似瀑布般傾瀉，隨風搖曳。

　　生長處日照須充足，熱帶至亞熱帶氣候均適應，略耐寒。喜水濕地，濕潤之粘壤土可生長，一般土壤亦可。枝脆，不耐風，強風易折幹斷枝。葉為紅擬豹斑蝶與緋蛺蝶之幼虫食草。

▶長枝條柔軟下垂，枝細長、無毛茸

▼半落葉中喬木 (日本渡良瀨游水地)

▼適水邊栽植，纖長細枝條隨風搖曳

▶葉紙質，葉柄長 0.2~0.6 公分，葉長 7~12 公分、寬 0.7~1 公分。葉僅幼嫩時散生軟毛，葉背粉白綠。羽狀側脈 11~14 對，近葉緣吻合

葉面

葉背

托葉

吻合脈

托葉

▲托葉歪披針之斜卵形，易早落

▶單葉互生，線披針或長鐮刀形，斜垂狀，葉緣細鋸齒

◀花期春天，與嫩葉同時發出，雌雄異株，雄荑蓂花序長 4 公分，花黃綠色。雌荑蓂花序長 2 公分，黃綠色

▶果熟於 4 月，蒴果狹圓錐形、褐色、2 裂，長 0.5 公分，種子有棉絮。蒴果開裂，柳絮飄出

▼滿地棉絮，起風時漫天飛舞 (黃棍琮攝)

◀樹皮粗糙有深溝，縱條狀開裂，淡褐至暗灰色

水柳

· 學名
Salix warburgii
· 英名
Water willow

· 臺灣原生種

為臺灣全島低海拔溪岸、濕地或水邊的特有植物。花白頭翁喜食。性喜溫暖至高溫，陽性樹，耐水濕。

▶ 1 月中旬 ~2 月中旬開花，雌雄異株，圓筒柱狀柔荑花序，黃色雄花序長 4~8 公分

▲雄花序

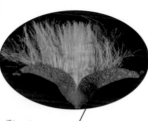

▲ 蒴果紡錘形，4 月果熟，熟果褐色，自動由前端裂開，帶冠毛的細小綠色種子即柳絮，隨風飛揚

雄花

雄花序

果實裂開露出許多帶棉絮的種子

托葉

▼果序長 7~12 公分，種子帶銀白色長絹毛

雌花

雌花序

結果枝

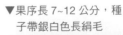

◀落葉小喬木 (臺南歷史博物館)

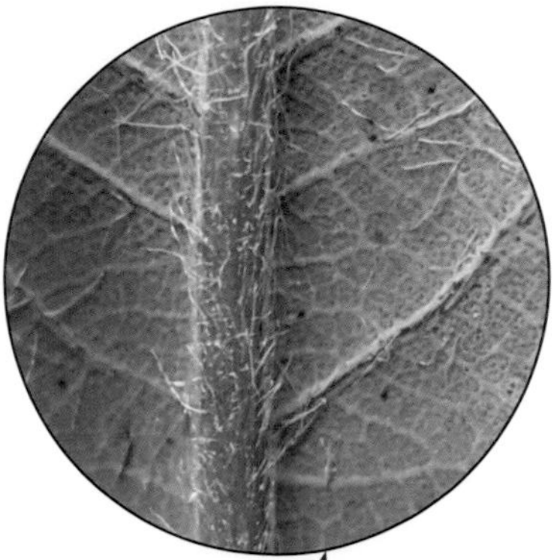

▼嫩枝葉佈毛茸，葉緣細鋸齒

▲新葉紅色，葉長 5~10 公分、寬 1.5~2.5 公分，葉柄長 0.5 公分

◀單葉互生，葉卵披針形，厚紙質，幼嫩部份有短柔毛

▲背色白粉綠，羽狀側脈 10~11 對

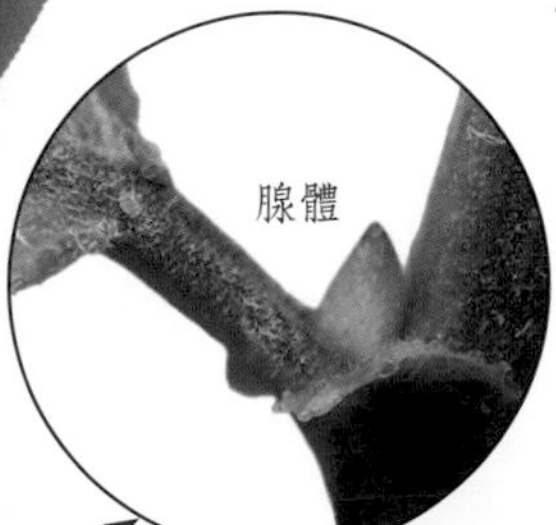

腺體

▼托葉一對、大型耳狀，緣有鋸齒，長 0.5~1 公分，易脫落，葉柄上有腺體狀突起

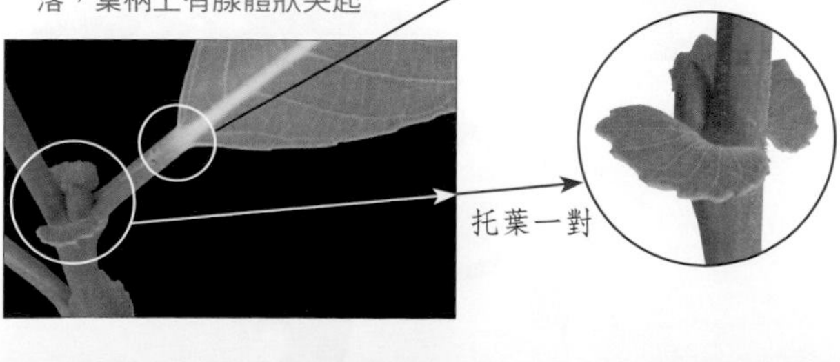

托葉一對

▼樹幹深溝寬縱裂，溝裂處色深

水冬瓜

· 學名
Saurauia tristyla var. oldhamii

· 英名
Oldham's sauravia

· 臺灣原生種

　　分佈於海拔 1700 公尺以下，喜略陰環境，果實可食。常綠大灌木至小喬木，株高可達 5 公尺，枝有瘤狀斑點，常被鱗片，嫩枝被紅褐色粗剛毛。

▲單葉互生，橢圓形葉，長 20 公分，寬 7 公分，柄長 2.5 公分

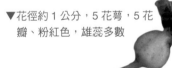

▶葉緣具尖細鋸齒，葉面有細毛，羽側脈 12~15 對

嫩葉紫褐色

▼花徑約 1 公分，5 花萼，5 花瓣、粉紅色，雄蕊多數

▼漿果球形，徑約 1 公分，乳白色，具宿存萼片，果熟於夏秋

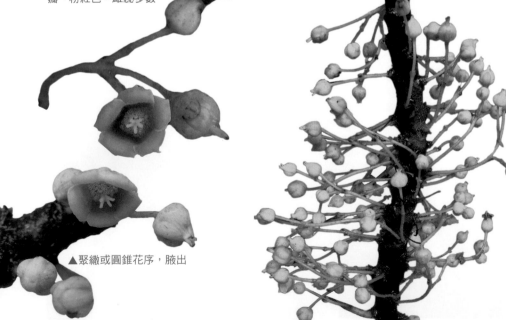

▲聚繖或圓錐花序，腋出

· 別名
　銳葉楊梅
· 臺灣原生種

· 學名
　Myrica rubra
· 英名
　Chinese strawberry tree

楊梅

　桃園縣的楊梅鎮昔日以遍植野生楊梅而成名。屬名 *Myrica* 為古希臘一灌木名 Myrikeo，種名 *rubra* 意紅色，指其紅紫果實。本省分佈於海拔 1500 公尺以下，野生楊梅 (*M. rubra* var. *Sylvestris*) 因果實較小，缺乏市場競爭力，有種源流失危機。

　性喜溫暖濕潤，全日照可促進結果，耐陰，不耐酷熱烈陽；根部寄生根瘤菌，雖瘠地亦能生長。

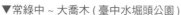

▲新葉紅豔，葉倒披針形，全緣僅上半部有鈍疏淺鋸齒，羽狀側脈 5~6 對，單葉互生，革質，葉長 6~9 公分、寬 2~3 公分，柄長 1 公分

葉面

葉背

▲葉疏被金黃色小腺體，葉背較明顯

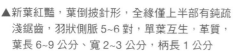

▼常綠中 ~ 大喬木 (臺中水堀頭公園)

◀幹灰黑，密佈皮孔

楊梅

▶春季開花，紫紅的細小雌花成群著生。雌雄異株，雌雄均為葇荑
花序，皆腋生，無花被。雄花序長約
2.5~3 公分，花藥暗紅色

▲果肉柔軟多汁，甜
帶微酸，可食

▲雄花

▶夏季中旬果實成熟，球形，徑約
1.5~3 公分，外被細瘤粒突起，初
時綠色，熟時變為暗紅色

▲雌花序長 0.5~1.5 公分，雌花紅色

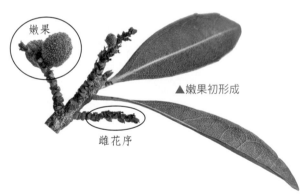

嫩果

▲嫩果初形成

雌花序

類似植物比較 水楊梅 *Homonoia riparia*

▶雌花

大戟科，形似楊梅又喜生水邊，故名之。

雄花苞

雌花

▲雄花

· 別名
臺灣檫木
· 臺灣原生種

· 學名
Alnus formosana
· 英名
Formosan alder

臺灣赤楊

分佈於全島平地至海拔 3000 公尺以下，陽性樹，為先驅植物，喜生長於次生林地及崩塌跡地。根部有根瘤菌，可固定空中氮素，栽種可改良土壤肥力；根系強固，常用於水土保持。

▲落葉中喬木
（臺中文修公園）

▲樹皮灰褐色，老幹常片狀剝落

▶單葉互生，卵長橢圓形，長約 10 公分，寬約 4 公分，葉柄長約 2 公分，細鋸齒緣，薄革質

▼夏末至秋季開花，雌雄同株異花，花單性

◀葉背淡綠，中肋及側脈色黃褐、於葉背凸起，羽側脈 5~7，脈腋有凸粒

葉背

◀雄葇黃花序初上揚、之後下垂，綠轉淡黃色

◀雌花序發育成毬果狀果實，長約 2 公分，密穗狀雌花序較短胖，頂生，暗紅色

雌花序

▶秋冬果熟，褐色木質化，卵橢圓形

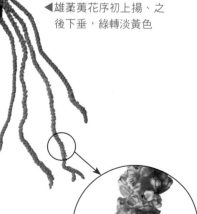

小西氏石櫟

· 學名
Pasania konishii
· 別名
油葉柯 ・臺灣原生種

多分佈於中、南部之低海拔 700 公尺以下山區，亦偶見 1500 公尺以上。另一俗名為「油葉柯」，因其葉片表面光滑油亮而得名。乃殼斗家族中少見果實比葉片還大者。果面光滑，淺盤形殼斗托著扁球狀堅果，殼斗花紋特殊，特別受到青睞。

▼直立穗狀花序，雄花單獨形成
　花序，或與雌花組成
　混合花序；小枝纖
　細、佈灰白色氣孔

▲樹幹灰褐、具細縱裂紋

▼常綠灌木至小喬木，株高 3~5 公尺
　（嘉義綠園道）

▶雌花位於混合花序
　基部，花期 4~8 月

▼開花後，果實需至翌年 10~12 月才成熟。果面光滑，扁球形，端鈍圓或稍平坦；果徑可達 5 公分，高 3~4 公分，果熟轉紅棕色

嫩果

▶殼斗包被堅果不及 1/2，熟果期為秋季

▼葉緣上半部鋸齒，每一主羽脈達葉緣鋸齒尖，新葉翠綠

◀葉背色淺、羽側脈 7~10 對

▼葉片油亮

▶單葉互生，葉近革質，長倒卵形，長 4~9 公分，葉柄長 1 公分；葉端漸尖有短尾，葉基楔形

青剛櫟

· 學名
Cyclobalanopsis glauca
· 別名
白校欑、猴欑子　　　· 臺灣原生種

臺灣中北部中低海拔之原始林與平野常見。果實如有小陀螺又似彈頭，光滑油亮，基部有圓盤狀殼斗。橿鳥喜其果。稍具耐寒性，中性樹，幼樹好陰，成木喜日照充足，不畏強光。

▶老幹面易附生地衣

▲果實 1/3 以下為杯形殼斗包被，
殼斗同心圓狀、有鱗片 8~9 輪，被絹毛

▲堅果橢圓形，長約 2 公分。
果端有 1 圓錐形之尖突

圓果青剛櫟 C. globosa

▼常綠小 ~ 中喬木 (臺中都會公園)

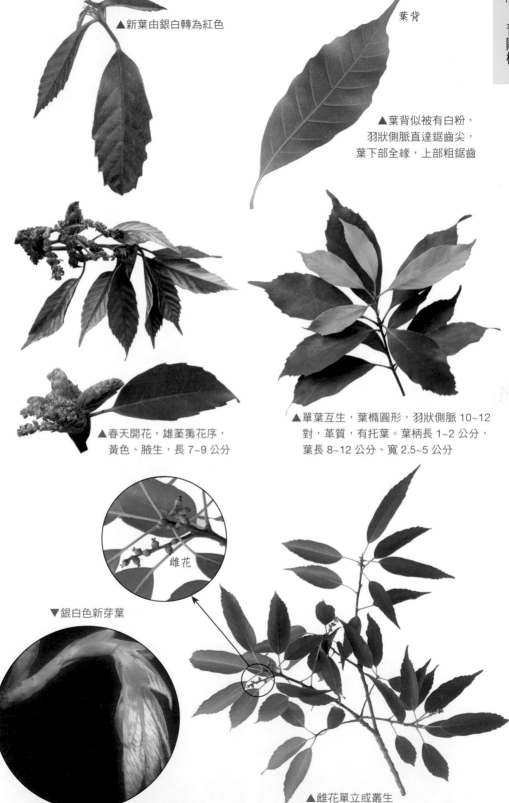

▲新葉由銀白轉為紅色

葉背

▲葉背似被有白粉，
羽狀側脈直達鋸齒尖，
葉下部全緣，上部粗鋸齒

▲春天開花，雄蕊葇花序，
黃色、腋生，長 7~9 公分

▲單葉互生，葉橢圓形，羽狀側脈 10~12
對，革質，有托葉。葉柄長 1~2 公分，
葉長 8~12 公分、寬 2.5~5 公分

雌花

▼銀白色新芽葉

▲雌花單立或叢生

楓楊

・學名
Pterocarya stenoptera

・英名
Chinese wingnut

・原產地
中國

屬名 *Pterocarya* 來自希臘語，Ptero 乃翅，karya 為堅果，合起來意指堅果具翅。陽性樹，適合溫帶至亞熱帶環境，較不耐高熱。

▼一回奇數羽狀複葉，小葉 8~10 對，對生，葉為長橢圓形，小葉無柄，葉長約 7 公分、寬 2 公分

葉背

▲樹皮初呈紅褐色，平滑，老則縱裂

◀8~9 月結果，細長下垂的果串長 45 公分，果長橢圓形、黃綠色，具綠色翅，翅長 2.4 公分，堅果包在由小苞擴大長成的翅內

▼羽葉中軸具狹翼，小葉基鈍歪，葉緣細鋸齒，背面中肋以及總柄具剛毛

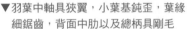

▶葉紙質，羽狀側脈 11~15 對，無托葉

▼嫩枝被毛，複葉互生

▼落葉大喬木，此植株因截幹，而形成低分枝

· 別名
木賊葉木麻黃
· 原產地
澳洲、馬來西亞、
印度、緬甸

· 學名
Casuarina equisetifolia
· 英名
Horsetail tree

木麻黃

▼常綠大喬木

植株似乎沒有葉片，只有細長下垂的枝條；但折下一段細枝，手中把玩，脫落性枝條很容易分成一截截的，再仔細一看，有一圈的小齒牙，這就是輪生的葉片。

耐鹽、耐潮且耐風，可種植在海岸第一線，臺灣西岸沿海於光復後曾大量栽植為防風林帶，輕質果實可浮於海面傳播種子。但其純林不僅壽命短，病虫害嚴重；且易火燒，火燒後植株又容易致死。因此目前防風林多採數種海岸植物搭配，增加種歧異度，讓防風林更穩定而永續。

陽性不耐陰，垂直分佈 300 公尺以下，喜高溫乾燥，不耐寒。少數具根瘤菌之非豆科植物，可固定土壤空氣中的氮，耐瘠薄而速生。

葉片

▲葉長 0.1 公分、寬 0.05 公分。單葉輪生，每節有鞘齒 (即其葉片) 6~8 片，鞘齒呈三角披針形

◀樹皮粗糙、色淺褐，不規則縱向細裂，長片條狀剝落

▼可強剪成綠籬 (臺中市)

▼東海大學的老木麻黃，多已形成板根

▼毬果橢圓形，果苞 12~15 列，略被細
毛，長 1.5~2.3 公分，徑 1~2 公分

▶雄蕊黃花序呈棍棒形，頂生，灰褐
色，長 2~3 公分，每小花具雄蕊 1 枚

▶淡黃色具翅瘦
果，長 0.6 公分

◀雌頭狀花序呈橢圓形，徑約 1.3 公
分，紫紅色，腋出，具短梗，長約 0.4
公分，花期春或秋季，雌雄同株異花

臺南安平　　　永靖高工

類似植物比較　千頭木麻黃 *Casuarina nana*

千頭木麻黃為灌木，木麻黃為喬木，但枝葉頗類同。

◀常綠灌木，株高多 2 公尺以下，基部分枝多，萌芽力強，耐修剪整形 (臺東知本老爺)

▼枝葉細緻且濃密，可修剪為圓球狀

臺 78 快速道路

雄花

雌花

▼枝條軟垂狀

沙朴

- 學名
  Celtis sinensis
- 英名
  Chinese hackberry
- 臺灣原生種

陽性樹，僅幼株耐陰。果為白頭翁
與綠繡眼之鳥餌植物。

▶ 葉基鈍歪，下半部全緣，上半部鋸
　齒，葉基脈 3 出，葉長 5~8 公分、
　寬 2~4 公分，葉柄長 1~2 公分

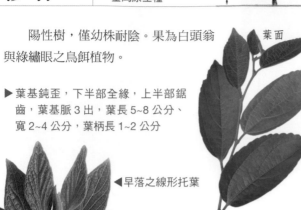

葉面

◀早落之線形托葉

▶落葉至半落葉中～大喬木

▼樹皮黑褐色，厚且
　粗糙，故名沙朴

托葉

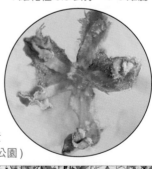

雌花

▲花期春天，花與新葉
　同時出現，花雜性

▼雄花徑 0.3 公分，4~5 雄蕊

◀雌花單立或叢生於新枝之葉腋，徑
　0.3 公分，4~5 單瓣，花黃綠色

▼低溫葉色變黃
　(臺中水崛頭公園)

嫩果

▶果球形，徑約 0.5 公分

· 學名
Trema orientalis
· 英名
Charcoal trema
· 臺灣原生種

山黃麻

榆科

◀樹皮光滑色淺、皮孔多

分佈於臺灣海拔 500 公尺以下山林常見的高大喬木，為生長快速的先驅樹種，在山坡崩塌或干擾地區快速擴展地盤，成為次生闊葉林的代表樹種。不耐陰，喜強光照。

為蝴蝶之幼蟲食草，臺灣三線蝶、姬雙尾蝶、雙尾蝶與黑擬蛺蝶等。綠繡眼和麻雀喜食其果，山紅頭喜食其花。

▼落葉中～大喬木　　山紅頭吃山黃麻的花

▲臺中市中央公園

▼滿樹新葉

3 出脈

葉背

▲葉背密佈銀白色貼伏毛茸，銀灰綠色。葉長
9~13 公分、寬 4~6 公分，葉基部 3 出脈，紙質

▼花單性、雜性或兩性，雄花具 5 花
被，5 雄蕊與萼片對生，花黃綠色

雄花

▲熟果色黑，闊橢圓形，具
宿存萼，徑約 0.3 公分

▼單葉互生、2 列狀，葉斜卵長橢圓
形，葉基歪淺心形，細鋸齒緣

▲花期 4~6 月，腋生聚繖花序

▼雌花子房無柄，柱頭 2 歧，有毛

- 別名
  紅雞油
- 臺灣原生種

- 學名
  Ulmus parvifolia
- 英名
  Chinese elm, Lacebark elm

榆科

榔榆

　　英名 Lacebark elm 乃強調其特殊的樹皮，種名 *parvifolia* 指小的葉片。全日或半日照皆可，氣溫適應力廣，分佈於海拔 500 公尺以下。葉為緋蛺蝶之幼蟲食草，白頭翁喜食其果。

▼枝條長，易下垂 (臺北美術公園)

▲落葉至半落葉小 ~ 中喬木

▼可修剪成各種樹型

◀老樹幹面紅褐色，有不規則之雲塊狀薄片之剝落痕跡，並夾雜灰、綠、褐與桔等多色斑點

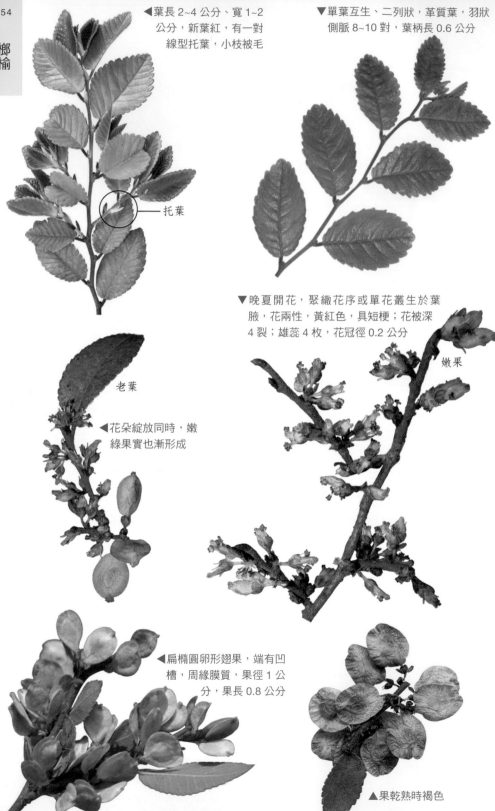

榔榆

◀葉長 2~4 公分、寬 1~2 公分，新葉紅，有一對線型托葉，小枝被毛

▼單葉互生、二列狀，革質葉，羽狀側脈 8~10 對，葉柄長 0.6 公分

—— 托葉

▼晚夏開花，聚繖花序或單花叢生於葉腋，花兩性，黃紅色，具短梗；花被深 4 裂；雄蕊 4 枚，花冠徑 0.2 公分

嫩果

老葉

◀花朵綻放同時，嫩綠果實也漸形成

◀扁橢圓卵形翅果，端有凹槽，周緣膜質，果徑 1 公分，果長 0.8 公分

▲果乾熟時褐色

▼葉為歪長倒卵形，葉基鈍歪，葉緣鈍鋸
齒，葉兩面均略粗糙，葉背脈腋有毛

葉背　　　　　　　　葉面

斑葉品種

▲白斑榔榆

▲斑葉榔榆

▼斑葉榔榆 (永春東路)

榆科

櫸木

· 學名
Zelkova serrata
· 英名
Taiwan zelkova

· 別名
雞油
· 臺灣原生種

　　質地細緻、樹冠大、枝葉濃密，可提供良好遮陰，或植為獨立優型大樹。落葉前變色，樹皮亦具特色。喜全日照，亦可容忍稍陰。臺灣分佈海拔 1000 公尺以下，適合平地氣候。

樹皮塊

▼年輕

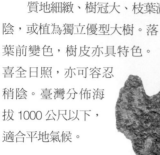

▲落葉大喬木 (臺中水堀頭公園)

▼冬天落葉前葉色轉變 (臺中市市政北六路)

▼中年

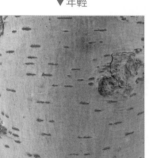

▼老幹隨樹齡幹面變化多。
　雲塊狀薄片、易剝落，並
　佈滿橙褐色斑點

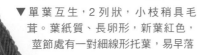

▼單葉互生，2列狀，小枝稍具毛茸。葉紙質、長卵形，新葉紅色，莖節處有一對細線形托葉，易早落

▼2月中旬~4月開花，與新葉同時出現。雌雄同株，花單立或叢生，花冠徑 0.2 公分，花淡黃色

托葉

▶葉基鈍歪，葉面頗粗糙、色濃綠。革質，羽狀側脈 8~15 對，葉柄長 0.3 公分，葉長 4~7 公分、寬 2~3 公分

葉背

雄花

雌花

雌花

雄花

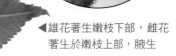

◀雄花著生嫩枝下部，雌花著生於嫩枝上部，腋生

果實

▲▶核果歪卵形，徑 0.8 公分，綠果熟轉赤褐色，先端 2 裂

類似植物比較　榔榆與欅木

葉片頗類似，差異如下：

	榔榆	欅木
生長習性	小 ~ 中喬木	大喬木
葉 × 寬 (公分)	1.5~4×1~2	4~7×2~3
緣鋸齒	鈍	較銳尖
葉端	鈍凹	漸尖
葉面	略粗糙	粗糙
果實	翅果扁橢圓形	核果歪卵形

桑科

麵包樹

· 學名
Artocarpus altilis
· 英名
Bread fruit

· 原產地
東南亞與
南太平洋群島

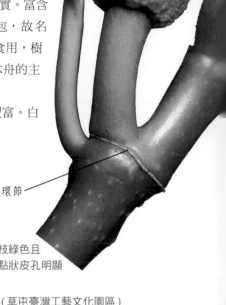

　　屬名 *Artocarpus* 的 arto 指麵包，carpus 指果實。富含澱粉，果肉疏鬆、帶甜味，形狀與風味類似麵包，故名之。蘭嶼及東部地區之原住民，會摘取果實水煮食用，樹幹用來建造傳統住屋，以及木盤、臼，為雅美族木舟的主要材料。

　　陽性樹，耐高溫，熱帶地區生育良好，果產豐富。白頭翁與烏頭翁喜食果。種子可炒食，風味如栗子。

環節

▶枝圓形粗壯，嫩枝綠色且
　光滑，環節與白點狀皮孔明顯

▼樹皮灰褐色，粗而厚，表
　面具細縱裂，皮目顯明

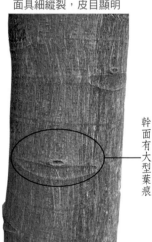

幹面有大型葉痕

▼幹基之板根
　幅射狀抓地

▼常綠中～大喬木 (草屯臺灣工藝文化園區)

▼葉背色淺綠、中肋突起被細毛。厚紙質，羽狀側
　脈 8~10 對，黃綠色葉柄長 10~15 公分，基部
　有白色剛毛。葉長 30~70 公分、寬 15~35 公分

▼繁殖枝之葉片多全緣無裂

葉背

葉面

▼新葉漸自托葉中展開

托葉

▲葉形有兩種，營養枝葉片
　之葉緣常為羽狀 3~9 中裂

◀長三角狀之大型早落托
　葉，苞片狀，密被銀色毛茸

▼雌雄同株，雌花序著生於雄花序上端，綻放較雄花晚，免自體受精。雄花 0.2~0.5 公分，密集成棍棒形之雄蕊黃花序，長 10 公分，黃綠色

雌花序

雄花序

乳汁

環痕

▼果實於 7 月中下旬開始成熟，橢圓狀球形，由瘦果組成的多花果，徑 10~15 公分，重 0.5~1 公斤，未熟果初呈黃綠色，後漸變黃

▲雌花序不正球形，徑約 5 公分，此為其中小花，柱頭 2 裂、宿存

▲乳白色，徑 1~1.5 公分，去除種皮後呈褐色、並具稜線，烤食風味類似花生米

▲成熟果濃黃色，會分泌乳液，外表具花被殘跡，硬化而呈多角形龜甲狀凸起

▼果肉黃白色，柔軟之海棉質，富含纖維素及澱粉質，煮熟可食之

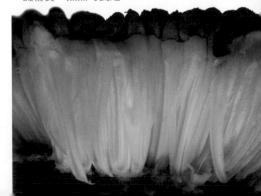

- 英名
  Jack fruit
- 原產地
  印度
- 學名
  Artocarpus heterophyllus

波羅蜜

　　波羅蜜為印度梵語之音譯，果肉色黃似菠蘿(鳳梨)，味甜如蜜，故名之。果實碩大，被稱為「熱帶水果皇后」。喜高溫多濕、陽光充裕以及無霜雪之處，幼株耐寒弱。結果習性頗特殊，著果位置隨樹齡轉移，由老枝移至樹幹，老樹結果近根部。

▲印尼婦女在市場切取尚未成熟之果實販售，可入菜食用

▼單葉互生，枝條節處有環紋，篦狀披針形托葉略被細毛

托葉

環紋

▼常綠中喬木(臺中東海漁村)

▼樹皮暗灰褐色，老株會產生爆裂片層，幹受傷常分泌白色粘質乳液

▶葉背之深綠色細網格葉脈，於淡綠色葉肉襯托下清晰可見

▶葉背綠色、無毛，葉柄長 2~3 公分，葉長 10~20 公分、寬 4~8 公分。橢圓形葉，全緣，羽狀側脈 6~8 對，革質

雌花序

▼雌頭狀花序卵形、黃綠色，長 6.5~13 公分，徑 5~6 公分，總花梗長 4~5 公分，徑 1.5 公分

雌花序

▲雌花序較圓胖，多位於粗幹，梗較粗短

雄花序

▶雌雄同株異花，雄花序圓柱形，長 5~7 公分、徑 3 公分，多位於枝梢，梗較細長

雄花序

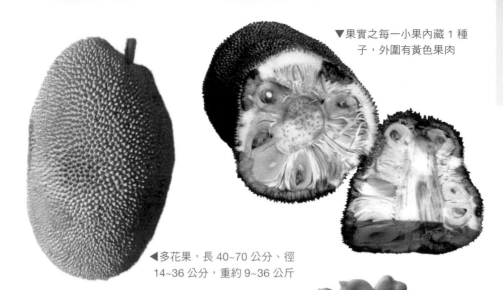

▼果實之每一小果內藏 1 種子，外圍有黃色果肉

◀多花果，長 40~70 公分、徑 14~36 公分，重約 9~36 公斤

▲果肉黃熟時質軟具濃厚異味，適合生食

▲褐色種子、肉白色，富含澱粉，可煮食或烤食，味似板栗或菱角

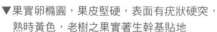

▶果實幹生

▼果實卵橢圓，果皮堅硬，表面有疣狀硬突，熟時黃色，老樹之果實著生幹基貼地

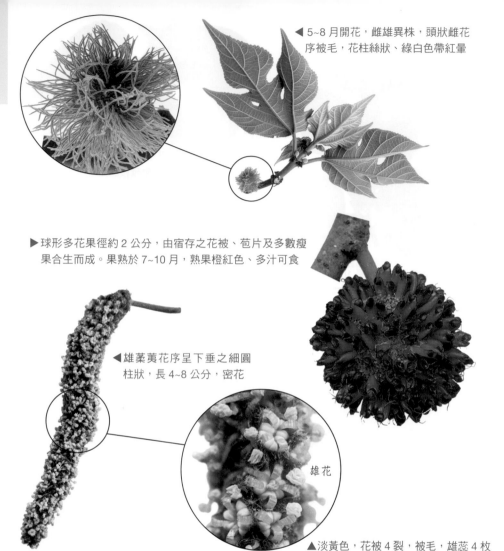

◀5~8 月開花，雌雄異株，頭狀雌花序被毛，花柱絲狀、綠白色帶紅暈

▶球形多花果徑約 2 公分，由宿存之花被、苞片及多數瘦果合生而成。果熟於 7~10 月，熟果橙紅色、多汁可食

◀雄蕊黃花序呈下垂之細圓柱狀，長 4~8 公分，密花

雄花

▲淡黃色，花被 4 裂，被毛，雄蕊 4 枚

類似植物比較　構樹與黃毛榕

黃毛榕 (*F. esquiroliana*) 葉片大小及葉形類似構樹，均全株佈毛。

	生長習性	毛色	葉形	果實
構樹	中喬木	白	掌裂、再羽裂	橙紅色、無毛
黃毛榕	大喬木	黃褐	掌裂	黃褐色、被長毛

黃毛榕的葉片與果實

· 原產地
中國、東南亞

· 學名
Ficus auriculata

· 英名
Elephant ear fig tree

象耳榕

喜生長於森林下層之小喬木，耐陰、亦耐陽光，耐熱、稍耐寒。花幹生是熱帶雨林植物的特徵，於生存競爭激烈的熱帶雨林中，昆蟲於林間活動時，遇到幹生花的機率較高，藉昆蟲易將傳播花粉出去。

▲單葉互生，葉闊卵心形，全緣、淺鋸齒，革質，羽狀側脈 5 對，掌狀脈 3~5 出，葉柄長 10~30 公分

▼新葉紅褐色，早落
托葉被毛、紫褐色

◀碩大葉片，葉長 40~50
公分、寬 30~40 公分

◀扁球形之隱花果，熟
轉紅褐色，徑 6 公分

◀淺灰褐樹幹尚光滑

▼常綠小喬木，大寒流來襲可能落葉

▶綠色隱頭花序

▼果成群著生於枝條
下部或幹生

桑科

孟加拉榕

· 學名
Ficus benghalensis

· 英名
Banyan, Bengal fig

· 原產地
印度

　　印度常種在寺廟四周,被佛教徒視為神樹。幼株耐無直射光之明亮環境,成樹半日照或全陽均可。性喜高溫,易受霜害。果為白頭翁之鳥餌植物,鳥吃果實後,種子排泄到另一株大樹上,發芽著根以附生植物方式展開生活。

▼臺中樂群公園

▼常綠大喬木,株體龐大

▼由枝幹長出的氣生根,層層纏縛主幹,深入地下,形成幹上有幹的景觀,生長多年的植株會形成相當大的量體

托葉

▲托葉長約 2 公分，易早落

▲新葉紅色，疏被褐色
軟毛，嫩枝亦被毛

▼葉全緣，薄肉或厚革質，葉長 10~30
公分、寬 6~15 公分，柄長 3~7 公分。
葉背色較淺

葉背

▲單葉互生，葉闊卵形，
淺色的羽狀側脈 4 對，掌狀脈
3~5 出，葉兩面觸摸如柔軟之絲絨布質感

▼球形隱頭花序腋生、雙出

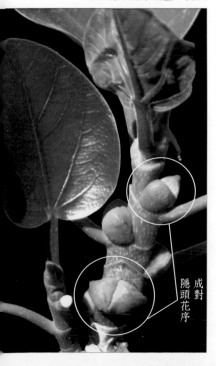

成對
隱頭花序

▲隱花果無梗，被毛，熟
時紅色，徑約 1.5 公分

桑科

垂榕

· 學名
Ficus benjamina
· 英名
Weeping fig, White bark fig

· 別名
白榕、白肉榕
· 臺灣原生種

　　產臺灣南部、綠島與蘭嶼。性喜高溫、潮濕和半陰環境，不耐霜害。耐陰性強，但斑葉品種需光較多；可做室內大型盆栽植物，但種在戶外日照充足處，會開花結果。根系強勢，易造成根害問題，栽植處須遠離硬體。葉為琉璃斑蝶之食草。

▲萌芽力強，耐修剪

▲近地面之氣生根發達，環樹四周形成地面盤根

▼許多垂下之粗大氣生根形成支持幹

▲修剪成整齊漂亮的綠籬

▼常綠中喬木，枝下垂狀 (臺中市區)

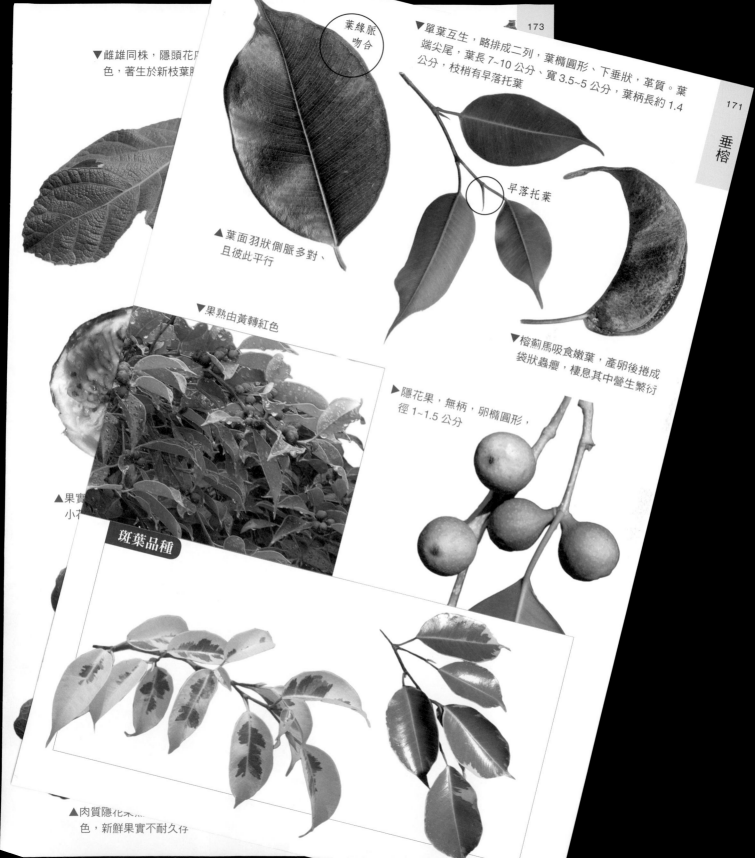

▼雌雄同株，隱頭花序
色，著生於新枝葉脈

葉緣脈
吻合

▼單葉互生，略排成二列，葉橢圓形、下垂狀，革質。葉
端尖尾，葉長 7~10 公分，寬 3.5~5 公分，革質。葉柄長約 1.4
公分，枝梢有早落托葉

早落托葉

▲葉面羽狀側脈多對、
　且彼此平行

▼果熟由黃轉紅色

▼榕薊馬吸食嫩葉，產卵後捲成
　袋狀蟲癭，棲息其中營生繁衍

▶隱花果，無柄，卵橢圓形，
　徑 1~1.5 公分

▲果實
　小花

斑葉品種

▲肉質隱化果
　色，新鮮果實不耐久仔

無花果

印度橡膠樹

· 學名
Ficus elastica

· 英名
Rubber plant

· 別名
緬樹

· 原產地
爪哇、印度與馬來西亞

陽性樹，喜強日照，斑葉種較需充裕陽光。另有耐陰品種，可盆栽放室內。喜高溫多濕，不耐寒。白色乳汁早期曾為製橡膠的原料，但產膠量較少，膠園多植巴西橡膠樹。

▼常綠大喬木

▲單葉互生
掌狀脈
葉長12

▼單葉互生，全緣，厚革質，羽狀側脈多對、不明顯，葉長20~30公分、寬10~15公分，葉柄長3~10公分，具吻合脈

▼樹皮光滑，灰褐色，幹基地表根易擴張延長

▼氣生根向下入地，形成幹狀支柱

▼地面幹基四周常見地表根浮於舖面盤生，易破壞人行道舖面

斑葉品種

▲彩斑緬樹 (cv. Decora Schrijvereana)
　新葉幾乎呈黃色，僅少許綠，托葉紅色

▶美葉緬樹 (cv. Decora Tricolor)
　新葉緣具不規則乳斑，葉背紅彩

▶紅緬樹 (cv. Decora)
　頂梢托葉、新葉背及葉柄帶紅色

▼紫黑葉品種 (cv. Decora Burgundy)
　葉色紫紅至綠褐色，新葉與托葉顏紅豔　▼▶斑葉緬樹 (cv. Variegata) 綠
　　　　　　　　　　　　　　　　　　　　葉緣具不規則黃白斑紋

類似植物比較 斑葉緬樹與斑葉高山榕 *F. altissima* cv. Golden Edged

橢圓形葉片互生，葉片都頗大，全緣，綠葉沿葉脈及葉緣有黃白斑紋，差異如下：

	斑葉緬樹	斑葉高山榕
葉脈	羽狀側脈多對、不明顯	羽狀側脈 6~8 對、明顯，葉基有 V 字脈
托葉	紅色、大型	黃色、小型
葉柄色	帶紅	黃色

牛奶榕

- 學名
Ficus erecta var. *beecheyana*
- 臺灣原生種

產全島中低海拔 1500 公尺以下，以及蘭嶼、綠島。常見於路旁、開闊地以及伐木跡地，為先驅樹種。果實含白色乳汁，故名牛奶榕，又形似乳牛之乳房，而有牛乳房之稱。陽性樹種，寒流來襲以落葉對應。綠繡眼、白頭翁、麻雀、小彎嘴畫眉、繡眼畫眉與山紅頭之鳥餌植物。葉為紫端斑蝶之食草。

▲繡眼畫眉喜食牛奶榕果實

▶葉兩面均被毛、略顯粗糙，紙質，羽狀側脈 5~10 對，掌狀脈 3~5 出，葉長 8~15 公分、寬 5~7 公分，柄長 1~5 公分

▼新葉紅褐色，單葉互生，葉長卵心形，葉基淺心形或耳形，全緣微波

▼落葉或半落葉小喬木，全株被毛茸，富含白色乳汁 (科博館植物園)

▼夏季開花，隱頭花序，綠色　　　▼隱花果腋出，單立，球形，徑約 1.5 公分，
　　　　　　　　　　　　　　　　　有毛；果梗長約 1 公分，先端具苞片 3 枚

▲果熟期 8~10 月，熟時紅色

類似植物比較	牛奶榕與牛乳樹 *F. fistulosa*	

	牛奶榕	牛乳樹
別名	牛乳榕	大冇樹、豬母乳、水同木
習性	落葉或半落葉小喬木	常綠中喬木，枝條黑褐色被粗毛
葉	葉長 8~15 公分，兩面均有毛，葉基淺心形或耳形	葉長 15~25 公分，葉面多平滑無毛、僅葉背被毛，葉基鈍
果實	非幹生，果梗較長，花果非全年	常幹生，果梗短，全年常見花果

牛乳樹的枝、葉與果實

桑科

糙葉榕

- 學名
  Ficus irisana
- 英名
  Rough-leaved fig
- 別名
  澀葉榕
- 臺灣原生種

分佈於臺灣海拔 500 公尺以下，全日或半日照之略陰處均可生長。粗糙葉片為早期鄉間砂紙之代用品，用來磨光器物。常綠中～大喬木，嫩枝葉具剛毛。為端紫斑蝶、圓翅紫斑蝶與石墻蝶之幼蟲食草。

▲單葉互生，葉歪長卵形，端尾尖、基鈍歪

▲樹皮灰綠或淡灰綠色，縱向細縫裂，幹面易附生地衣

類似植物比較 糙葉榕與菲律賓榕 *F. ampelas*

皆為常綠喬木，葉面均粗澀。但糙葉榕葉片兩面及葉柄均散生剛毛而較粗糙，且為大喬木。

菲律賓榕：小～中喬木，葉柄無毛

▼葉兩面均被毛粗糙，羽狀側脈 4~5 對，葉厚紙質，全緣微波，有托葉；葉長 8~12 公分、寬 3~6 公分，葉柄長 0.5~1 公分

V 字脈

▲葉背淺綠，基 V 字脈

葉面　　　　　葉背

▼隱頭花序，熟果呈黃、橙與紅等多色

▶球形隱花果腋
　出，單立或叢生，徑
　約 1~1.2 公分，果梗長 1~1.4 公分

▼熟時紅色並佈黃色斑點，熟透轉紫紅色，果徑 0.5~1 公分

桑科

琴葉榕

· 學名
Ficus lyrata
· 英名
Fiddle-leaf fig

· 原產地
熱帶非洲

　熱帶植物，性喜溫暖，不耐霜害。幼樹耐陰，喜半日照或散射光處，亦可容忍陰暗角落。

▼大型葉片，葉身中下部凹入，葉端圓鈍、略凹或截形，葉基耳形，葉片狀似提琴

▲單葉互生，全緣波狀，新葉黃綠色

▲耐陰，常盆栽供室內觀賞

▼常綠小～中喬木，全株近於平滑。葉革質，羽狀側脈 4~5 對，葉脈黃綠色，葉面濃綠、背淺綠色，有托葉；葉長 17~40 公分、寬 13~24 公分，葉柄長 2 公分

·原產地
中國、東南亞、印度

·學名
Ficus maclellandii

長葉垂榕

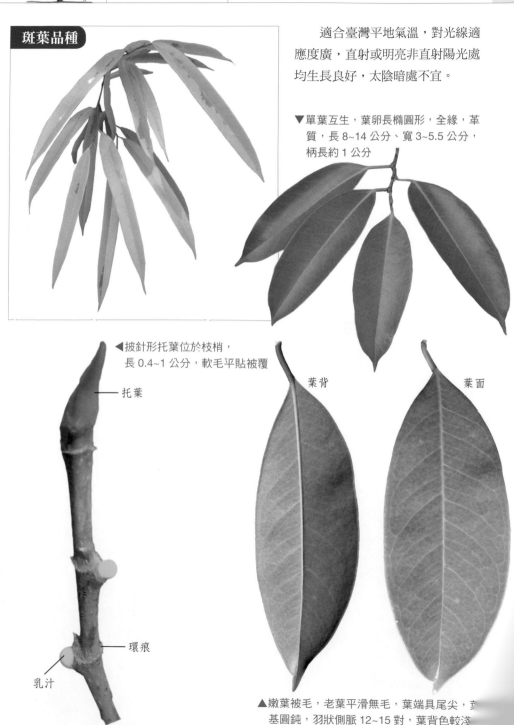

斑葉品種

適合臺灣平地氣溫，對光線適應度廣，直射或明亮非直射陽光處均生長良好，太陰暗處不宜。

▼單葉互生，葉卵長橢圓形，全緣，革質，長 8~14 公分、寬 3~5.5 公分，柄長約 1 公分

◀披針形托葉位於枝梢，長 0.4~1 公分，軟毛平貼被覆

托葉

葉背

葉面

環痕

乳汁

▲嫩葉被毛，老葉平滑無毛，葉端具尾尖，葉基圓鈍，羽狀側脈 12~15 對，葉背色較淺

長葉垂榕

▲樹幹淺灰褐色、尚光
　滑，有下垂的氣生根

▲小枝黑褐色、平滑，僅幼時被毛，
　具稜，密被灰白色瘤點狀皮孔

▲隱花果黃熟後會變紫紅色，
　徑 0.5~0.8 公分。隱頭花序綠
　色成對腋生，無柄，球形

▼常綠大喬木 (田尾)

▼地表根系發達 (臺中豐樂公園)

· 別名
正榕
· 臺灣原生種

· 學名
Ficus microcarpa
· 英名
Chinese banyan tree

榕樹

產臺灣全島平地。陽性樹,略耐陰,斑葉品種需光較多。適亞熱帶及熱帶地區,略耐寒。

果實為綠繡眼、白頭翁、麻雀與烏頭翁之鳥餌植物。葉為斯氏紫斑蝶、端紫斑蝶、圓翅紫斑蝶、琉球紫蛺蝶與石墻蝶等之食草。

鳥頭翁喜吃榕樹果實

▶ 枝條頂梢有綠色、線披針形之托葉包被頂芽,當嫩葉伸展出來,就會掙脫,並在枝節處留下一圈環痕。單葉互生,葉橢圓形,端鈍具小突尖

▼ 南二高東山休息站的老榕樹,壽命長,越老越壯觀,茂密的枝葉不僅提供樹蔭,鳥兒也在其中築巢、取食

托葉

環痕

▶ 葉背淺綠色,平滑無毛,緣脈吻合,革質,葉長 6~9 公分、寬 3~5 公分,葉柄長約 1 公分

▼ 臺南長勝營區綠色隧道

▼ 地表根翹起舖面並破壞水溝

▼ 感
造成

榕樹

以下的圖均為豐樂公園

▼萌芽力強，常強度修剪成
　各種樹型 (臺中豐樂公園)

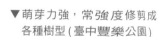

▲落果期間最好遠避大榕樹，免洗車麻煩

▲氣生根纏繞樹幹，自然天成

▲細長氣生根發達，懸垂向下

▲隨時間氣生根粗大且及地，挺
　立如柱，仿如支柱根

▼氣生根、板根與地面盤踞的地表根

▼氣生根攀貼於石頭

黃金榕 cv. Golden Leaves

葉色閃閃發金光,強光下易反光而刺眼。

◀常綠大灌木或小喬木,萌芽力強、耐修剪

▼喜直射之強光照,日照愈強,新葉越鮮麗金黃,老葉及陰暗處之葉片會變綠色(東西向快速公路 - 臺西古坑線)

圓葉榕、厚葉榕 var. *crassifolia*

▼隱花果常成對腋生,熟時紅紫

▼葉肉革質,倒卵形、端圓鈍,偶具短突尖,葉背色較淺,葉脈明顯

▼常綠蔓灌,特產於恆春海岸及蘭嶼濱海的礁岩

類似植物比較　垂榕與榕樹

二者類似,但垂榕之樹皮色淺為灰白色,葉片羽側脈數頗多,端具尖尾,枝葉下垂以及隱花果單立等特徵,易於區別。

	垂榕	榕樹
粗枝條下垂狀	明顯	無
幹色	灰白	灰褐
葉脈	平行側脈多而細密	5~9 對
葉端	尖尾	銳
隱花果	單立	雙立
耐陰性	佳	較差

· 原產地
　印度、緬甸與斯里蘭卡

· 學名
　Ficus religiosa
· 英名
　Sacred fig tree

菩提樹

▼隱頭花序於夏天開花。隱花果無梗，腋出，雙生，扁球形，徑約 1~1.5 公分，綠褐色、佈暗紫色斑點，熟轉紫黑色，基部具革質苞片 3 枚

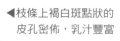

傳言釋迦牟尼曾坐在樹下修得正果，印度稱為神樹，為佛教之象徵植物，常栽植於寺院前後，以紀念佛祖成道。陽性樹，略耐陰；喜高溫多濕，不耐霜害。

◀單葉互生，葉革質，羽狀側脈 6~9 對，葉柄長 7~15 公分，葉長 12~18 公分、寬 6~10 公分

◀枝條上褐白斑點狀的皮孔密佈，乳汁豐富

乳汁

膜質托葉環生節處

托葉

◀長卵三角形下垂葉片，葉端有長細尾，葉基 V 字脈，新葉紅豔

◀托葉位於枝梢，枝節環痕明顯

環痕

▼半落葉中～大喬木 (大林火車站)

▼樹根破壞硬體 (臺中市合作街 2005)

▼樹幹淺灰褐色

桑科

稜果榕

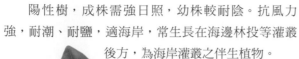

· 學名
Ficus septica
· 英名
Hauil fig tree

· 別名
大冇樹、豬母乳舅
· 臺灣原生種

陽性樹，成株需強日照，幼株較耐陰。抗風力強，耐潮、耐鹽，適海岸，常生長在海邊林投等灌叢後方，為海岸灌叢之伴生植物。

▲單葉互生，枝條粗肥，
葉圓形，羽狀側脈 8~10
對，葉面濃綠色

環節 →

▲樹皮光滑灰白、環節明顯

◀果實成熟落地後，未及時清掃，大型軟熟果實黏
貼地面 (臺中都會公園)

▼常綠小喬木 (科博館)

▼落果造成地面髒污 (臺中都會公園)

透明腺點

卵披針形之膜質托葉，長 3 公分

▼全緣，紙質，葉長 15~25 公分、寬 8~12 公分，葉柄長 3~5 公分

環節明顯

▲葉面有透明腺點

▼隱花果有 9~11 條突起稜脊，常有幹生者

▼全年常見扁球形果實，熟綠黃色帶紅暈，果面有許多白色瘤點

白色瘤點

▼開花期 11~12 月，隱頭花序綠色，徑 1.5~2.5 公分，汁液乳黃色

乳汁

桑科

幹花榕

· 學名
Ficus variegata var. *garciae*
· 英名
Konishi fig
· 臺灣原生種

分佈全島海拔 500 公尺以下及蘭嶼地
區，常出現在河谷兩側，耐陰、喜濕。

▶ 單葉互生，卵長橢圓形，長約 20 公分，寬
10~15 公分，葉柄長約 6 公分。全緣或疏鋸
齒，羽側脈 6~8 對，延伸至葉緣，葉基 3 出脈

▼ 幹生綠白色的隱頭花序，徑　　▼ 扁球形隱花果，
1.5~2 公分，花序梗長約 3 公分　　徑約 2.5 公分，具長柄

▲ 果熟紅褐色，10~12 月結果

▼ 樹皮灰淺褐色，偏光滑，老樹幹有板根

▼ 常綠大喬木

▼ 少見枝垂氣生根，但地面氣生根發達粗化

·別名
鳥榕
·臺灣原生種

·學名
Ficus wightiana
·英名
Large-leaf banyan

雀榕

麻雀喜食其果,故名雀榕;許多野鳥均喜食其果,又名鳥榕。幼樹耐陰,成樹需陽光。適全省低海拔地區,喜高溫。樹齡長,臺灣有不少百齡老雀榕。

臺灣彌猴以桑科榕屬植物的果實為其重要主食,如白榕、雀榕、大葉雀榕、稜果榕、豬母榕、澀葉榕與菲律賓榕等。果實為綠繡眼、白頭翁、烏頭翁、紅嘴黑鵯、麻雀、珠頸斑鳩、臺灣藍鵲、白環鸚嘴鵯、黃眉柳鶯、白眉鶇、赤腹鶇與五色鳥等喜食。亦是端紫斑蝶、圓翅紫斑蝶與石墻蝶之幼蟲食草。

▲全年常見果熟,果實轉
紅褐色,密佈白色斑點

▼常發新葉(中科水崛頭公園)

▲球形隱頭花序具短梗,貼
生於側枝或主幹上,單立
或叢生,徑 1~1.5 公分

▼滿地落果造成環境髒汙

▼果實在一年不同季節陸續成熟,綠果、黑熟果並存

臺灣原生之落葉性纏勒植物，常綠大喬木，具氣生根；葉長橢圓形，長約 15~20 公分，寬 8~10 公分，較雀榕寬，柄亦較長；隱花果小於 0.8 公分，果柄長 0.6 公分。

▼新芽外包裹多片膜質托葉

▼透明白色、早落之膜質托葉，披針形，長 2 公分，當新葉伸展後，逐漸脫落

←托葉

▶嫩枝紅褐色，新葉色紅。橢圓形葉互生，紙質，羽狀側脈 8 對。葉柄長 2~6 公分，葉長 10~20 公分、寬 5 公分

吻合脈

V 字脈

▲葉基有明顯之 V 字脈，並相連成一波浪狀之吻合脈，葉面有白色細點

▼鳥兒吃了果實到處散播，牆縫也長起一株小雀榕

▶有名的纏勒植物，熱帶樹林殺手，鳥吃種子隨糞便播種於其他植物枝幹，發芽後根系迅速生長，並纏繞植物著生，至終可能勒死該植物

▼乳汁豐多

▼樹幹上常有氣生根纏繞

▼落葉大喬木 (科博館)

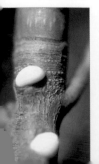

· 別名
　桑樹，蠶仔葉樹
· 臺灣原生種

· 學名
　Morus australis
· 英名
　Taiwan mulberry

小葉桑

桑科

產臺灣中低海拔 1500 公尺以下林緣及次生林中，隨處可見。陽性樹，喜強日照，性喜溫暖。葉片蠶喜食之，白頭翁、麻雀與綠繡眼喜食雄花序，果實為藍腹鷴、白頭翁、鉛色水鶇、小彎嘴畫眉、綠繡眼、五色鳥、紅嘴黑鵯和烏頭翁之鳥餌植物。葉為黃領蛺蝶之幼蟲食草。

小彎嘴畫眉吃小葉桑果實

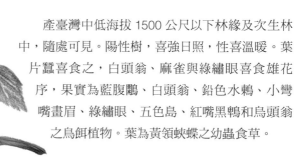

◀幹皮灰褐色，淺縱裂紋，皮孔密佈

長果桑 *M. macroura*

英名 HImalayan Mulberry，指出其原產於喜馬拉雅山。

▶ 7~8 月結果，果實細長，故名之

▼落葉大灌木或小喬木，小枝平滑、皮孔明顯

▼春天開花，花序頗長，與小葉桑有明顯差異

▼生殖枝之葉片常為闊卵形

▼葉形變化多，闊卵或掌狀 3~5 裂葉。紙質，
羽狀側脈 3~5 對。葉長 6~15 公分、寬
5~10 公分，葉柄長 1~1.5 公分，帶赤色

▼單葉互生，葉基掌狀 3~5 出脈，葉緣銳
鋸齒，營養枝的葉片多為掌狀 3~5 裂葉

▼複合果由許多瘦果集合而成，各瘦果包
藏於多液汁花被內，果實由紅轉成紫黑

◀6~8 月果熟，徑約 1
公分，長 2~3 公分

◀雌頭狀花序球形，長 1 公分，密被白毛；花柱細
長，柱頭 2 歧

▼雌雄異株，3~5 月開花。雄蕊黃花序長 1~1.8 公
分，雄花 4 花被，4 雄蕊

·臺灣原生種

·學名
Idesia polycarpa
·英名
Many-seed idesia

山桐子

4~5 月開花，雌雄異株或雜性株，圓錐花序，雌花長不及 1 公分，花黃綠色，具香味。

　　種名 *polycarpa* 意指果實很多。分佈於中海拔 1500~1800 公尺森林中，中部的鞍馬山 23k 處，果紅時是鳥友必訪勝地。為中海拔重要的賞鳥植物，如黃腹琉璃、白耳畫眉、冠羽畫眉、五色鳥、赤腹鶇、白頭鶇、茶腹鳾、虎鶇、藍尾鴝、青背山雀、黃山雀與栗背林鴝等。陽性植物，無畏夏日艷陽，半日照亦可。屬於溫帶植物，耐寒。

◄果實是黃腹琉璃喜愛食物

▼鞍馬山 23.5K

▼ 12~ 翌 2 月盛果期，掛滿下垂的紅果

山桐子

▲ 10 月中旬後，果實漸轉紅色，葉片尚未凋謝，灰白葉背下串串紅果

▲球形漿果，徑 1 公分

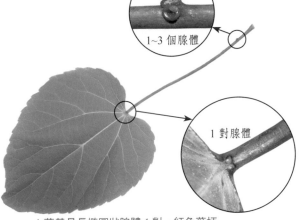

1~3 個腺體

1 對腺體

▲葉面濃綠，背面灰白，脈上有毛，葉長 12~18 公分、寬 6~15 公分

▲葉基具長橢圓狀腺體 1 對，紅色葉柄長 8~15 公分，有 1~3 個凹下腺體

▶單葉互生，心形葉片，掌狀 5~7 出脈，粗鋸齒緣

- 別名
  紫梅
- 原產地
  蘇門答臘
- 學名
  Flacourtia inermis
- 英名
  Batoko Plum

羅比梅

◀老樹皮片條狀剝離

▼單葉互生，新葉紅豔

性喜高溫，陽光充足時，葉紅豔，較易開花結果。

雌花

▼果實基部殘存直立
4~5 雄蕊花柱

▲花多兩性，短總狀花序腋生，綠色子房似小花瓶

▼常綠小喬木 (臺中敬德護理之家)

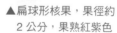

▲扁球形核果，果徑約 2 公分，果熟紅紫色

▶卵長橢圓形，稀疏鋸齒或全緣，紙質，葉長 10~20 公分、寬 5~10 公分，柄長約 1 分

庫氏大風子

· 學名
Hydnocarpus kurzii
· 原產地
熱帶亞洲

▼果球形，黑褐色，徑 8~15 公分，果皮木質堅硬

◄ 每果有多粒種子，褐色多角球形，徑 1.5~2 公分。名稱有風，可能因其種子可治療麻瘋病

▼常綠中至大喬木 (大林火車站)

▼樹幹通直，樹皮灰褐色

葉背

▲葉長橢圓形，全緣，長 10~25 公分、寬約 3 公分，柄長約 1.5 公分；羽側脈約 7 對，革質，枝葉均光滑無毛

▲單葉互生，枝端葉片常下垂，且同枝、同方向的葉片常位於同一平面

▶葉色多彩，粉紅、艷紅、淺綠、黃綠、綠至深綠

▼花數朵腋生，散發淡雅香味

▲黃白色、具長柄之花瓣 5，花徑 1~1.5 公分

魯花樹

· 學名
Scolopia oldhamii
· 英名
Oldham scolopia · 臺灣原生種

　　屬名 *Scolopia* 為希臘文荊棘之意，指莖枝多刺。傳聞「魯花」係花東地區原住民土話的譯音，原為魯化。

　　分佈於海拔 500 公尺以下的山麓、平地至海濱向陽地，恆春半島尤多。常與有刺植物，形成荊棘林。針刺與適應原生育地之乾旱環境有關。

　　性喜高溫、濕潤和充足陽光，不耐強陰，亦不耐霜雪。抗風且耐鹽，適海岸，耐乾旱。為白頭翁等之冬季食物，亦是紅擬豹斑蝶幼蟲的食草。

▲ 常綠小喬木 (臺中橫山公園)

▼ 枝葉頗細緻 (臺中文心森林公園)

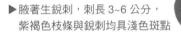

▶ 腋著生銳刺，刺長 3~6 公分，
　紫褐色枝條與銳刺均具淺色斑點

▼ 樹皮平滑、灰黑色，全株著生銳刺

▼ 灌木型 (屏東遇見秘境民宿)

▶葉形變化多

▼葉革質，側脈 4~5 對，長 5~10 公分、寬 3 公分，柄長 0.3 公分

腺體

▲單葉互生，嫩枝無刺，長橢圓形葉

◀漿果球形，徑約 0.8 公分，頂端有宿存花柱

▼雄蕊多數，雌蕊花柱單一，宿存。花徑約 0.6 公分，花梗長 0.3 公分

▼ 12~3 月果實成熟，由綠轉橙黃、紅、紫紅，最後變成黑色

▼ 8~9 月開花，花兩性，聚繖花序，萼、瓣各 5~6，白至淡黃色

南美假櫻桃

· 學名
Muntingia calabura
· 別名
南美櫻桃
· 原產地
熱帶美洲

英名 cherry tree 指其果實類似櫻桃。又稱 strawberry tree，因花朵類似草莓。

南美栽植較多，墨西哥市場販賣其果實；巴西則推廣栽植於河岸，因一年四季不斷結出大量果實，落果於水中可做魚餌，吸引魚來搶食，岸邊較容易釣到魚。鳥與蝙蝠喜食其果實，喜陽光充足，熱帶樹種，性喜高溫。

紅嘴黑鵯吃南美假櫻桃果實

▼臺中文修公園

▼落果滿地，清潔不易

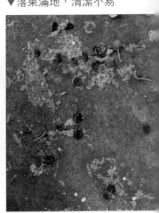

▼常綠小喬木 (臺中都會公園)

▼側枝橫向開展，2 列狀，常呈下垂狀

▲單葉互生，葉長卵形，
有托葉，葉基鈍歪，葉
面觸摸有黏稠感。葉紙質，羽狀側脈 3~5 對，
葉長 8~13 公分、寬 4~6 公分，葉柄長 0.5 公分

葉面　　　　　　葉背

▲葉兩面均粗糙、滿覆毛茸，葉緣不規則鋸
齒，葉面綠色、背淺綠色，葉基掌狀脈 4 出

▼漿果圓球形，熟轉紅色，
果徑 1 公分，果可食用

▲春夏間為盛花期，花冠徑 2 公分，5 單
瓣，花白色，5 綠色花萼，黃色雄蕊多數

▼全年常開花結果，單花或 2~3 朵腋生，每朵花僅綻放一日，午后漸凋謝

▲幼株樹幹帶綠色

▼粗枝上有黑白相
間的細縱裂紋

昆士蘭瓶幹樹

- 學名
  Brachychiton rupestris
- 英名
  Queensland bottle tree
- 別名
  佛肚樹
- 原產地
  澳洲昆士蘭及南威爾斯

　　屬名 *Brachychiton* 來自希臘文，Brachys（短）及 chiton（膜），指種子包覆於具短刺毛的薄膜內。原產於澳洲熱帶乾旱地區，年雨量稀少，其膨大樹幹具貯水功能，下雨時，大量吸水到樹幹貯存，以便乾季使用，方能適應乾旱環境。適合熱帶以及亞熱帶地區，喜好全日照。

▶綠色新枝被褐色毛茸，老枝褐色有明顯縱裂紋

▼單葉互生，葉片常呈下垂狀，成株葉片披針形

▼葉有 2 型，苗木期為掌狀深裂葉

▼常綠或半落葉喬木，開花期間以及極度乾旱時，以落葉來對應 (臺中科博館)

- 學名
  Heritiera littoralis
- 英名
  Looking-glass tree
- 臺灣原生種

銀葉樹

　　產臺灣東北部及南部的海濱，基隆、宜蘭與恆春等地，海拔 300 公尺以下地區。屬於熱帶海岸植物，果皮之內隔有氣室，且高度耐鹽，能藉海流漂移散佈來繁殖。亦屬於熱帶雨林的板根植物，因熱帶地區常有傾盆大豪雨，造成土石鬆軟，大樹體龐大壯碩，藉板根穩住不至傾倒。

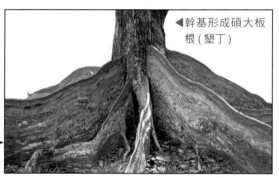

◀幹基形成碩大板根（墾丁）

▲墾丁森林遊樂區的銀葉板根

▼常綠中喬木（臺中都會公園）

▼胸徑 5 公分就開始形成板根

銀葉樹

葉面

葉背

▲葉散生淡褐色細鱗片

▼葉兩面顏色差異顯著，面濃綠，背銀白，故名銀葉樹。單葉互生，葉長橢圓形，羽狀側脈 6~8 對，葉柄長 1~3 公分，葉長 16~25 公分、寬 7~10 公分

▼花期春天

▶果實乾熟木質化，果面光亮

▲堅果，長橢圓形，長 3~5 公分，木質，亮褐色，腹部巨具突起龍骨

▲雌雄同株，圓錐花序頂生。花冠徑 0.3~0.5 公分，單層、無花瓣，花被鐘形 4~5 裂，暗紅色，有毛茸

· 學名
Pterospermum acerifolium
· 英名
Maple-leaved pterospermum
· 原產地
熱帶亞洲

槭葉翅子木

▼常綠大喬木

葉形似槭樹之葉，且蒴果開裂後，內含多數具翅之種子，故名之。耐陰，但種在陽光下才會開花結實，喜溫暖，垂直分佈 750 公尺以下。

花

類似植物比較 槭葉翅子木與翅子樹

翅子樹 *P. niveum* 為臺灣原生種，分佈於綠島、蘭嶼的海岸林。2 者最大差異為葉形與葉背，槭葉翅子木為掌狀裂葉、葉背灰白；翅子樹為卵披針形、葉背銀棕色，圖均為翅子樹。

▼陳佳興拍攝

葉與果

托葉

▲幼嫩部分密生褐
色絨毛與斑點，
有大型托葉 1 對

▲單葉互生，葉圓形或長橢圓，
革質，基部有掌狀脈 7~12 出

▲葉盾狀，葉柄
著生於葉身，葉背
灰白、密生星狀毛

▼花朵夏天綻放，花單立，冠徑 10~14
公分，5 花瓣，線形，純白且芳香

▼葉多變，掌狀 3~7 淺裂葉，每
一裂端均有尖尾，粗鋸齒緣

▼萼粗厚，5 裂，裂片線披針形，內
被白色毛茸，背具黃褐色星狀毛

▼冬季果熟，木質蒴果橄欖球狀，棕褐
色，密被鏽色星狀毛，長 15~20 公分，
徑 5~6 公分

種子

▲種子具長薄翅

梧桐科

· 原產地
　南美、西印度

· 學名
　Theobroma cacao
· 英名
　Cacao

可可

◀常綠小喬木或大灌木，熱帶樹木，冬天為安全度過寒流，須在植株外架框、覆塑膠布保暖之

　　屬名 *Theobroma* 有眾神的飲料之意。新葉紅豔，果實碩大。性喜高溫，不耐寒，遇霜雪會凍死。畏過強之直接高熱陽光整日照射，半日照或略遮陰較佳。

細縮

▲葉柄近枝條細縮

◀葉硬紙質，羽狀側脈 10~12 對，葉柄長 3~4 公分，葉長 20~60 公分、寬 8~20 公分

◀嫩葉紅褐色，單葉互生，葉下垂狀，長橢圓形葉，全緣波狀

▼花四季常開，花梗長約 1.5 公分；5 萼片，淺紅色；5 花瓣基部向內卷曲；雄蕊長 0.5 公分，紅紫色

▼小花 3~6 朵簇生於莖幹或老枝，花徑約 1 公分，黃白色花、帶深紫色縱條紋

萼片

雄蕊

▼每個果實有 20~60 粒種子，排成 5 列

▼種子橢圓形，長 2~3 公分、徑 1~1.8 公分，種子用來製造巧克力以及可可飲料

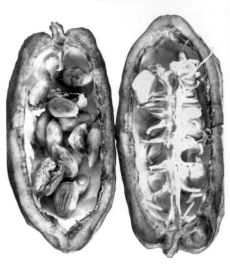

◀果實外有稜脊 5~10 條，並有瘤狀突起，熟時由綠先轉紅紫色

▼果實最後變為橙黃色

▼果實長橢圓形，狀似橄欖球，長 10~25 公分，寬 9 公分

· 別名
　重陽木
· 臺灣原生種

· 學名
　Bischofia javanica

茄苳

全島平地、山麓至海濱溪谷之優勢樹種。壽命長，臺灣有許多列管的百年老樹。

成樹喜陽光，不耐霜雪。果實鳥喜食，如白頭翁、麻雀、赤腹鶇與五色鳥等；花為綠繡眼之鳥餌植物，亦為雌褐蔭蝶與黑擬蛺蝶之蜜源植物。

▲傘型樹冠提供良好遮蔭

▼臺中水崛頭公園

▼半落葉大喬木，全株光滑無毛 (彰化北斗傳世)

▼樹幹赤褐色、小鱗片狀剝離

▼阿里山環境陰濕，樹幹長青苔

茄苳

▼一回奇數羽狀複葉、互生，小
葉3片(3出複葉)，葉面平滑

▼葉背淺綠，羽狀側脈
6~8對，小葉柄短，
總柄長10~15公分

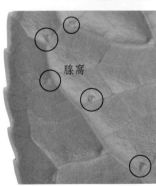

── 托葉

▶有線形早落托葉1對，
新葉柄基紫紅色

▲新葉紅，葉卵長橢圓形，葉端鈍有突出尖尾，
葉長8~14公分、寬5~7公分

腺窩

▲葉革質至薄肉質，葉背脈腋
有多個腺窩，淺鈍鋸齒緣

▲落葉前葉色轉紅

▼盛花期為2~3月，圓錐花序腋生，雌雄異株

▲黃綠色花非常細小，冠徑約0.4公分，
無花瓣，雄花之萼片與雄蕊各為5枚

類似植物比較　茄苳與假茄苳

二者葉片都是 3 出複葉，葉形類似，差異如下：

	茄苳	假茄苳
生長習性	半落葉大喬木	常綠灌木
葉緣	密淺鋸齒	疏淺踞齒
出現地區	臺灣平地各處	墾丁地區較多，其他地方稀見
花序	較大	較小
果	小，褐色	大，紅橙色

假茄苳

假茄苳又名止宮樹 (*Allophylus timorensis*)，無患子科。

葉

果

花

茄苳

果

葉

▲球形漿果，8~10 月成熟，
　熟為褐色，果徑 1 公分，內藏種子 3~4 粒

白耳畫眉喜吃茄苳果實

鐵色

- **學名**
  Drypetes littoralis
- **英名**
  Philippine drypetes
- **臺灣原生種**

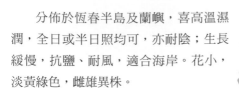

▶樹皮灰白色

　　分佈於恆春半島及蘭嶼，喜高溫濕潤，全日或半日照均可，亦耐陰；生長緩慢，抗鹽、耐風，適合海岸。花小，淡黃綠色，雌雄異株。

▲葉背色淺綠，綠色細脈顯著，小花叢生於葉腋，此為雄花

▶果實長橢圓卵形，長 1~1.5 公分，徑 0.8 公分，果色由青綠、轉黃，成熟時為橘紅至紅色

▼葉基鈍歪，略呈鐮刀狀，常呈下垂狀，枝單側葉片彼此間平行列生

▼單葉、互生，歪長橢圓形，長 6~10 公分，寬 4~5 公分，葉柄長約 0.4 公分；革質、羽脈不明顯

▲新葉黃綠色

▼常綠小喬木 (中興大學北溝實習園區)

▼大灌木，全株光滑無毛 (臺中進德護理之家)

· 臺灣原生種

· 學名
Gelonium aequoreum
· 英名
Swamp gelonium

白樹仔

為臺灣特有種，僅產於恆春及蘭嶼海岸，是南部海岸灌叢的指標植物。因其生育地陽光強烈，樹幹表面常呈灰白色，故稱白樹仔。高雄縣橋頭鄉有一白樹村，乃因早期村落房舍四週栽植白樹仔之故。

耐強風、乾旱與鹽霧，適海濱。性喜高溫、濕潤，耐熱而不耐寒，喜充足陽光。果為白頭翁之食物。

▼ 4~6 月開花，雌雄異株，單花叢生、腋出，花冠徑 0.5~1 公分，無花瓣，花淡黃白色

▲常綠大灌木或小喬木 (臺中進德護理之家)

▼樹皮粗糙、灰白色

類似植物比較 白樹仔與榕樹

都是單葉互生、全緣，有乳汁，葉形、葉片大小類似，花果外之差異：

	白樹仔	榕樹
枝梢尖型托葉	無	有
枝節環痕	無	明顯
氣生根	無	有

白樹仔

▲▶ 盛果期間，會吸引大量昆蟲

鞘狀托葉

▲單葉互生，全緣、略反卷，線形托葉合生為鞘狀

▼蒴果近球形、3 縱溝，果熟
自動裂開露出雪白的種子

◀果內有種子 1~3 粒，此已去除種皮

◀葉橢圓形，背平滑、淺綠色，厚革質，有透明點，羽狀
側脈 5 對，葉長 5~8 公分、寬 3~4 公分、柄長 0.2 公分

▼橙紅色果，徑約 1 公分

▲果熟於 6~7 月

· 學名
Glochidion lanceolatum
· 臺灣原生種

披針葉饅頭果

托葉

▼新葉紅豔，具披針
　形托葉 1 對，革質

全日照生長較佳、亦耐陰。喜溫
暖，葉為白三線蝶之幼蟲食草。

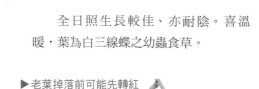

▶老葉掉落前可能先轉紅

◀單葉互生，2 列狀，葉披針形，全
緣，羽狀側脈 5~7 對。葉柄長 0.4
公分，葉長 5~6 公分、寬 3 公分

▼常綠小喬木或大灌木，全株平滑無毛

▼灰黑色幹面淺龜裂

▲秋冬結果，蒴果扁球形，徑 0.8 公分，凹溝淺，果熟紅褐色。種子成對、橙紅色

◀花期春天，雌花無梗、簇生，雄花具長梗，簇生成繖形花序，花徑 0.3 公分

類似植物比較　饅頭果屬

	香港饅頭果	饅頭果	菲律賓饅頭果	披針葉饅頭果
學名	G. zelanicum	G. rubrum	G. philippicum	G. lanceolatum
株高 (公尺)	5~7	1~3	5~8	3~5
全株毛茸	無	嫩枝佈短柔毛	葉被白色短柔毛	無
葉長 × 寬 (公分)	8~15×4~8	4~6×1~3	8~12×3~5	5~6×2.5~3
其他	葉片較大，平滑無毛	植株矮小，葉片小。果溝深，果端有明顯突起	葉片稍大、毛茸明顯	平滑

▼香港饅頭果

▼饅頭果

果

花

果

▶嫩枝佈短柔毛

· 別名
　橡膠樹
· 原產地
　巴西

· 學名
　Hevea brasiliensis
· 英名
　The rubber tree

巴西橡膠樹

▼總柄端具腺體

曾廣植於南洋，為重要的天然橡膠製品的原料。切割樹皮會流出乳膠，再製成各種天然橡膠產品。來自熱帶，性喜高溫，需充分日照。

▲落葉中喬木

▶小葉長 10~30 公分、寬 4 公分、柄長 0.5 公分，全緣

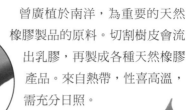

葉背

▲一回奇數羽狀複葉，小葉 3 片，總柄長 15 公分

▲蒴果，徑約 5 公分，具 3 縱溝，木質，果熟黑褐色。種子長約 2.5 公分，有斑紋

▲新葉紅紫、下垂狀，複葉互生，葉橢圓形，革質，羽狀側脈 15~20 對

▼嘉義樹木園的橡膠園

▼樹幹灰黑，幹面割裂會分泌豐富乳膠，流自樹幹內木質部的導管

▼工人割樹皮取膠

沙盒樹

· 學名
Hura crepitans
· 英名
Sandbox tree

· 別名
響盒子
· 原產地
西印度群島

　　蒴果於成熟後，自動爆裂將種子彈出，其間會發出巨大爆裂聲，故名響盒子。英名 Sandbox tree 即沙盒之意，果實乾燥時搖之作響，可供賞玩。

▼單葉互生，長 10~20 公分，寬 8~14 公分，葉柄長 14~20 公分；葉端短突尖，葉基淺心形，薄革質，全緣微波

▶幹枝密生乳突狀針刺

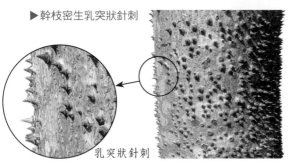

乳突狀針刺

葉背中肋近葉柄兩側密生毛茸

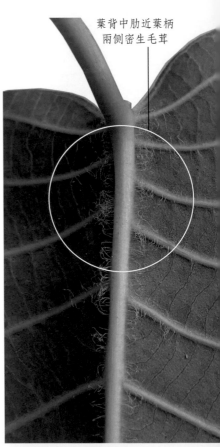

▼落葉喬木 (高雄熱帶植物園)

2 腺點

腺點

▲近葉基有 2 粒橢圓形腺點

▶葉卵長橢圓形，羽側脈
8~12 對，平行分脈與其垂直

◀乾燥果實

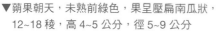

◀紫黑色雌花，徑約 2 公分

▼蒴果朝天，未熟前綠色，果呈壓扁南瓜狀，
　12~18 稜，高 4~5 公分，徑 5~9 公分

▶果熟黑褐色、質硬；種
　子扁圓形，徑 2 公分

血桐

· 學名
Macaranga tanarius
· 臺灣原生種

植物名稱有「桐」字，多指其材質輕且色白，因其木材輕軟，且樹幹或枝條折斷後，幹中心之髓部流出樹液經氧化後，呈現如血液一般的顏色，故名血桐。產全島平地至山麓，垂直分佈 700 公尺以下，為臺灣地區分佈普遍之低海拔典型次生林的先驅植物，常於荒廢地小面積群聚或散生。海岸亦有分佈，與林投以及黃槿等組成海岸灌叢。性喜溫暖、乾燥和陽光，耐陰性差，日照需充足，不耐寒。

小波紋蛇目蝶吸食血桐花蜜

與原住民生活息息相關，魯凱族人用葉片包出長形的粽子；排灣族人摘取葉片串連葉柄，煮地瓜或芋頭時做鍋蓋使用。卑南族人製做糯米年糕時當襯墊用；因耐燃、火勢強且火焰亮，阿美族人砍樹幹當柴火，葉片則用來包東西或餵牛。雅美族女人因其材質容易劈開，常取來做飛魚季期間的主要柴火。布農族人認為其葉形像雨滴，偶而砍樹幹當柴薪。果為綠繡眼之鳥餌植物，葉為臺灣黑星小灰蝶之食草，花為小波紋蛇目蝶之蜜源植物。

▲果熟轉黃褐色、自動開裂成 2~3 片。每一果實有 2~3 粒種子，球形，熟時黑亮

▼球形蒴果具軟突刺，徑約 1 公分，有 2~3 縱溝

▶常綠小喬木，全株除葉面外，均被柔毛

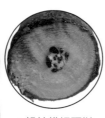

▲幹面傷口血跡斑斑 ▲粗枝橫切面溢 出血色樹液 ▲葉痕明顯

粗枝的半圓形葉痕

▲葉卵圓盾形，全緣，葉長 16~30 公分、寬 10~20 公分

▼單葉互生至叢生，卵形托葉大而明 顯，葉背具白色鱗痂，中肋毛茸明顯

卵形托葉

▲葉緣亦可能具微細鋸齒，掌狀脈 9~10 條，葉面平滑、濃綠色

◀嫩葉面佈毛

▶葉背色蒼白綠，葉柄圓筒 形，被白粉、長 16~36 公分，革質葉

▼雄圓錐花序腋生，小花著生於苞內， 苞淡黃綠色，銳鋸齒緣，外被絨毛

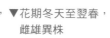

▼花期冬天至翌春， 雌雄異株

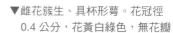

▼雌花簇生、具杯形萼。花冠徑 0.4 公分，花黃白綠色，無花瓣

雌花

雄花

油柑

· 學名
Phyllanthus emblica

· 原產地
中國南部、斯里蘭卡、
印度、馬來

喜強光溫暖，僅幼樹較耐蔭，低溫霜
降時易落葉、傷嫩枝芽。果實可生食。

▼花期春天，花小，徑 0.1~0.2 公分，多數，黃
綠色，雌雄花瓣均 6，雌雄同株異花，叢生

▲果徑約 2 公分，6 條縱
溝紋，內有種子 6 粒

▲樹幹尚光滑

雄花

雄花

▲雌花少數，無花柄

▲雄花多數，具細長花梗

▼落葉小喬木，全株光滑無毛，僅嫩枝葉被毛

葉面

▲葉柄極短似無，葉端近於截形、短
小突尖，全緣，葉面濃綠色

托葉

▲葉背綠白，羽側脈 5~6，線披針形托葉

▼枝條互生，2 列狀；單葉互生，葉長橢圓近
矩形，長 1~2 公分，寬 0.2~0.5 公分

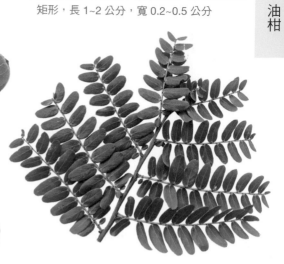

▼球形肉質果實

▼果熟期 8~10 月，果熟由綠、黃至黃紅色

白桕

・學名
Sapium discolor
・別名
山桕
・臺灣原生種

散生於全島海拔1000公尺以下山野之向陽處，新葉與老葉都會變紅，頗具觀葉性。被列為稀有、保育類的「渡邊氏長吻白蠟蟬」，早期是用來取蠟的昆蟲，白桕與烏桕為此昆蟲之寄主。

◀蘋果球形，徑約1公分

▲果熟時綠轉黑色，胞背開裂成3瓣後

葉背　　一對蜜腺○

▶葉長 6~12 公分、寬 3~6 公分、柄長 4~10 公分，羽狀側脈約 8~10 對

▲單葉互生，長橢圓卵形

▶樹幹灰白有淺縱裂

▼半～全落葉中喬木

類似植物比較　烏桕與白桕

2 者為同屬植物，葉基都有 1 對腺體。

	葉	樹幹	花序
白桕	長橢圓形	淺裂	朝上
烏桕	菱形	深縱裂	下垂

▶烏桕

· 學名
Cleyera japonica var. morii
· 別名
森氏楊桐
· 臺灣原生種

森氏紅淡比

◀樹皮光滑，灰黑色

◀葉倒卵橢圓形，互生，長 4~9 公分，寬約 4 公分，葉柄長約 1 公分、有溝紋

▼新葉紅色，葉革質，全緣，羽側脈不明顯，枝葉多光滑無毛

▼常綠小喬木

▼花單立、或 2~4 朵叢聚腋生，花柄細長約 1 公分

▼大灌木，適全日至半日照，幼樹較耐陰

▲花白色，徑約 1 公分，5 花瓣，雄蕊多數

▲球形漿果腋生，徑 0.5 公分

桃金孃科

澳洲茶樹

· 學名
Melaleuca alternifolia
· 英名
Tea tree
· 原產地
澳洲

　喜溫暖潮濕、陽光充足，亦可耐薄霜及短暫 0°C 低溫。葉片可萃取精油，為有名的茶樹精油。

　類似白千層，樹皮淺褐白色、多層薄片狀，花序類似白瓶刷子，但葉形與大小差異較多；另外，澳洲茶樹之花絲卷曲，白千層直出，易於分辨。

▼幹面灰白，樹皮薄
　層狀剝落

▶常綠小喬木，
　成株才會開花

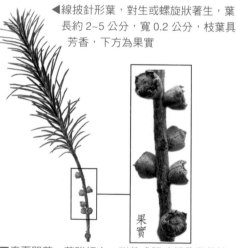

◀線披針形葉，對生或螺旋狀著生，葉長約 2~5 公分，寬 0.2 公分，枝葉具芳香，下方為果實

果實

▼白花，每簇具小花 1~3
　朵；花絲長約 1 公分、
　略捲曲

▼春夏開花，花雖細小，群花盛開時頗具賞花性

・臺灣原生種　　　　　・學名
Syzygium paucivenium

疏脈赤楠

常綠喬木，株高可達 20 公尺，枝條光滑無毛。分佈於蘭嶼、綠島之陽性植物，性喜高溫、濕潤。

葉緣吻合脈 ——

▶葉背黃綠色，全緣，略向後反捲，
　羽側脈 5~7，葉柄粗短、長 0.3 公分

▲單葉十字對生，於紅褐色嫩
　枝上排列整齊，新葉紅色

▼花苞初期粉紫紅色，花多呈 3 出之頂生聚繖花
　序，花序長 3~6 公分，花柄無或甚短

▲葉面綠色，具腺點，葉卵橢圓形，
　長 6~10 公分，寬 2~5 公分，革質

▼樹幹通直，樹皮細龜裂、灰褐
　紅色，老樹皮會剝落

疏脈赤楠

▲果實橢圓形，略歪，長 2~3 公分，徑約 1.5 公分，頂端常有殘存花柱

▶花期 3~5 月，白花綻放時群聚成一大花球

▼花徑 0.8 公分，雄蕊多數，排成數列，花絲長短不一，長可達 0.7 公分

▼花萼筒鐘形，紫紅色，緣端截斷狀；花瓣紫紅色，合生如蓋

- 別名
  銀葉鈕子樹
- 原產地
  美國佛羅里達州、墨
  西哥至加勒比海地區
  的海岸紅樹林地帶
- 學名
  Conocarpus erectus
- 英名
  Silver buttonwood

銀紐樹

銀白色絨毛般的葉片，花苞與果實均似鈕扣而得名。喜全日照與溫暖環境，耐鹽、抗風、抗潮性佳，適於濱海綠化，全株銀白色。

◀枝條銀白色，具稜脊；葉倒卵形，互生，革質

▼綠籬（梧棲頂漁寮公園）

▼幹面具縱裂紋

◀常綠小喬木（大鵬灣濱灣

▲春季開花，總狀花序頂生，黃白色，球形

▲球形蒴果

▲嫩葉被覆銀白色細毛茸

鈕子樹

▲葉片全綠

- 別名
  菲律賓欖仁
- 原產地
  菲律賓
- 學名
  Terminalia calamansanai
- 英名
  Philippine almond

馬尼拉欖仁

◀性喜高溫多濕、充足陽光。具熱帶植物
　特有之「瞬間落葉」現象，意即在短時
　間內老葉全部落光，瞬間萌發新葉

▼幹基易形成板根，幹通直，幹面
　有細縱裂(臺中市大全街)

短枝

長枝

▶小枝二型，長枝無葉
　片，單葉叢生於短
　枝梢，無托葉

▼落葉中喬木，側枝輪生(臺中豐樂公園)

葉面

葉背

▲葉倒闊披針形、紙質，羽狀側脈
　5~6 對，全緣微波，葉長 10~16
　公分、寬 3~6 公分

▲嫩枝與新葉之毛茸多

▲綠果熟轉褐色，翅成對著生
　於種子兩側，帶翅長 6 公分

▼核果扁圓形，種徑約 1 公分，具 2 翅

▲冬日偶見葉色轉紅

▲葉柄長 1~1.5 公分、密佈毛茸

腺體

腺體

▲葉面多處具不明顯腺體

▼花期夏秋，穗狀花序，兩性花、乳白色

· 臺灣原生種

· 學名
Terminalia catappa
· 英名
Indian almond

欖仁

核果橢欖形，故名欖仁。果實又形似杏仁，故英名為 almond，產臺灣恆春半島、蘭嶼海岸、小琉球、綠島及澎湖，抗風、耐鹽性強，適濱海。

　　屬熱帶海漂植物，內果皮堅硬，質輕、高度耐鹽，果皮纖維質，能飄浮於海面，漂流至遠處，助其散佈、繁衍後代。性喜高溫多濕，陽性植物，喜全日照之直射光。

▲落葉大喬木，第一側枝長、水平橫向伸展，向中央主幹輪生，樹型層塔狀 (臺中水堀頭公園)

▼短枝上葉痕密佈

短枝

短枝

短枝

▶枝條有長短枝，長枝無葉片，葉片叢聚在短枝梢

長枝

葉痕

▼老樹具板根

▼幹面灰褐色，有縱溝狀

▶低溫，強日照促使葉色轉紅艷

◀單葉，葉長倒卵形，羽狀側脈 6~9 對，葉長 20~30
公分、葉寬 10~15 公分，葉柄長 1 公分

◀初春的新嫩芽佈毛

▼葉背脈腋有許多腺窩

▼葉面

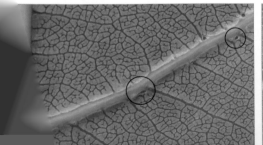

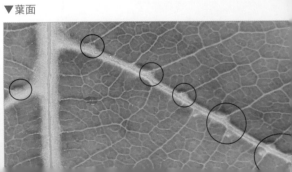

▲海漂種子　　　　▲球果面似被有白粉

▼種子海漂至砂灘，發芽出苗

▲花細小、白色，花萼鐘狀 5 裂，
　裂片內被毛茸，無花瓣

▼4~6 月開花，短枝稍腋處發出數支穗狀花序

▼青嫩核果扁橢圓形，兩邊具龍骨狀翼突起，果長
　5 公分、寬 4 公分

小葉欖仁

- 學名
  Terminalia mantaly
- 英名
  Madagascar almond
- 別名
  細葉欖仁、非洲欖仁
- 原產地
  熱帶西非

　　屬名指葉片群聚於短枝梢，乃其生長特色。生育於熱帶雨林區之上層喬木，性喜高溫多濕，適熱帶與亞熱帶地區，喜豐沛雨水與充裕陽光。

▼春天開花，穗狀花序長 3~4 公分，腋生

▶花徑 0.3 公分，白花

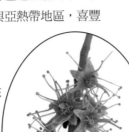

▲核果平滑，狹橢圓形，長 2~2.5 公分，徑 0.6~1 公分

▼落果滿地踩到易滑跌

▲質輕可海漂

類似植物比較　欖仁屬

	葉長 × 寬（公分）	腺體
馬尼拉欖仁	10~15×3~5	多處
欖仁	20~30×10~15	多處
小葉欖仁	3~4×1~1.5	僅中肋脈腋

小葉欖仁

欖仁

▼截頂以降低株高 (臺中水崛頭公園)

▼尖塔層狀樹型 (臺北市辛亥路)

▲未截頂之尖塔層狀樹型

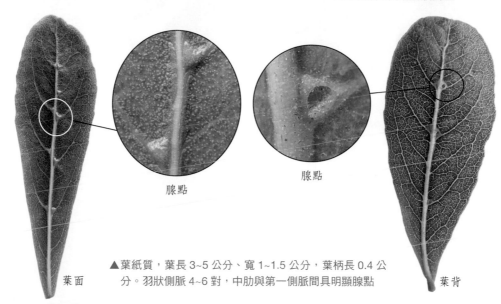

腺點

腺點

葉面

▲葉紙質，葉長 3~5 公分、寬 1~1.5 公分，葉柄長 0.4 公
分。羽狀側脈 4~6 對，中肋與第一側脈間具明顯腺點

葉背

斑葉品種

返祖

▼主幹嫁接
(臺南巴克理公園)

▼主幹嫁接 (中正大學)

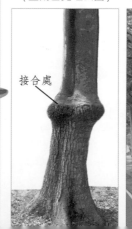

接合處

鐵冬青

· 學名
Ilex rotunda
· 英名
Chinese holly
· 臺灣原生種

葉背

　　分佈於低海拔，紅果不僅具觀賞性，且鳥兒喜食。適亞熱帶氣候，尚耐寒，耐陰。

枝梢紅紫色

▲單葉互生，革質，葉長橢圓形，全
　緣，葉長約 6 公分、寬約 3 公分

▲▼果實成熟紅色，漿質核果
橢圓形，果徑 0.5 公分

▲常綠喬木 (宜蘭道路)

▼樹皮灰黑色，
　有縱裂淺溝

· 原產地
中國

· 學名
Zizyphus jujuba

· 英名
Chinese jujube

紅棗

喜充足陽光，耐乾熱之沙漠型氣候。苗栗縣公館鄉，利用當地的特殊砂礫土質栽植。

▲長卵形葉，基鈍歪，具 3 出長脈，葉面平滑、濃綠色，葉緣淺鋸齒

▶單葉互生，小枝上之葉片 2 列狀，紙質，葉柄長 0.2~0.5 公分，葉長 2~5 公分、寬 1~2.5 公分

▼落葉小 ~ 中喬木

針狀托葉

▲枝平滑無毛，偶呈曲折狀，具細長棘針狀托葉，長達 3 公分

▼短聚繖花序腋生，花冠徑 0.5 公分，5 單瓣，花黃白色，花期春天

嫩果

▲嫩果初形成

▲核果，卵長橢圓形，長 1.5~2.5 公分，有短果梗

▲果實成熟於 7 月中旬至 8 月下旬，熟暗赤色

・別名	・學名
大棗、棗子	*Ziziphus mauritiana*
・原產地	・英名
印度、中國	Indian jujube

印度棗

環境適應性廣，耐熱、亦稍耐寒。

▲果實盛產期 12~ 翌 2 月，核果橢圓或圓球形，依品種而異，熟黃綠色

刺狀托葉

▲單葉互生，葉卵橢圓形，葉柄基部與枝條相接處有托葉變態之銳刺

◀常綠或半落葉小喬木

類似植物比較　印度棗與紅棗

項目	印度棗	紅棗
習性	半落葉	落葉
嫩枝葉毛茸	明顯	僅葉背
腋刺	短小	長達 3 公分
葉端	鈍圓	銳
葉長 × 寬 (公分)	5~8×4	2~5×2
果期	12~ 翌 2 月	7 月中旬至 8 月下旬
果色	熟黃綠色	熟暗赤色
產地	南高屏地區	苗栗縣公館鄉

◀嫩枝葉密被灰淺褐色毛茸

▲短聚繖花序，腋生於當年生小枝

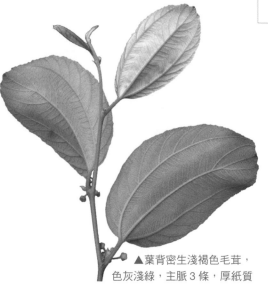

▲葉背密生淺褐色毛茸，
色灰淺綠，主脈 3 條，厚紙質

▼ 5 單瓣，花色淺綠白，9~10 月開花

· 臺灣原生種

· 學名
Ardisia sieboldii

樹杞

類似植物比較　樹杞與春不老

樹杞與春不老為同屬植物，葉形頗類似，但樹杞為小喬木，小枝、葉背、葉柄與花序均有褐色鱗片及毛茸，新葉與柄非紅色；春不老為灌木，全株光滑無毛茸，新葉紅，葉柄紫紅色。

分佈於海拔 1100 公尺以下。竹東鎮古名「樹杞林」，起源自漢人初至此地時，見樹杞繁茂成林，故名之。陽性樹，性喜陽光、溫暖，稍蔽蔭處亦生長良好。果實味微甜帶澀，是松鼠、白鼻心與猴子喜食的野果，原住民偶而採食，卻於打獵時特別觀察紅熟果實被哪種動物吃掉，以作為狩獵的指標，如白鼻心多在地面上撿拾黑熟的落果，松鼠與猴子常在樹上摘食。

▼果實球形，12~ 翌 2 月成熟，紅色時較具觀賞性，之後變紫黑色，徑約 1 公分

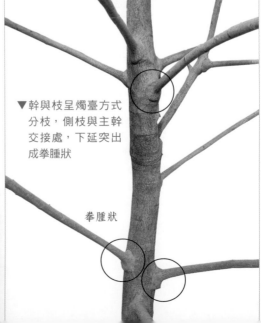

▼常綠小喬木，小枝初被褐色鱗片與粒狀毛茸，後轉平滑

▼幹與枝呈燭臺方式分枝，側枝與主幹交接處，下延突出成拳腫狀

拳腫狀

樹杞

▼葉革質，柄長 0.5~1 公分，葉長 7~15 公
分、寬 2.5~4.5 公分，平行脈多條，緣吻合

葉背

葉面

▼枝節處膨大，葉痕明顯

葉痕

▼單葉互生至叢生，葉倒闊披針形，全緣

▼4~6 月開花，繖形花序呈複繖房狀，初
被褐色鱗片狀毛茸，總梗略粗扁

▶花冠白、帶淡紅色，徑約 0.8 公分

· 學名
Diospyros discolor
· 別名
臺灣黑檀
· 臺灣原生種

毛柿

葉面

葉背

▲小枝圓形，暗綠色，
幼芽、葉背與嫩枝均密佈銀褐色毛

特產於恆春半島、蘭嶼與綠島之低海拔灌叢中。屬名之 *Dios* 指天神宙斯，*pyros* 指果實，而 *Diospyros* 就是天神享用的水果。全株密被黃褐色絹毛，故名毛柿。

幼樹耐陰，成樹需陽光；喜高溫多濕，臺灣南部生長較佳，垂直分佈 200 公尺以下。生長緩慢，耐風，耐鹽，可生長於海岸第二線，適植為海岸防風林。

果肉柔軟，味澀，汁少，可生食，惜風味欠佳。心材黑色，具蒼綠色條紋，俗稱黑檀，材質緻密堅重，為貴重用材。

與原住民關係深厚，卑南族人以其花、果期為工作的物候指標，成熟果實特別用來孝敬老人以及病人食用。阿美族人取其黑亮的心材製做頭目權杖，雅美族人則用做住屋的樑柱、刀鞘、曬魚架以及杵小米等。

▲常綠中～大喬木

▶樹皮黑褐色，粗糙，具
不規則之淺色縱裂紋

毛柿

▶ 4~6 月開花，雌雄異株，花具
芳香。短總狀花序腋出，淺黃
色，冠徑 1 公分，花梗長 0.6 公分

▼單葉互生，近於二列狀，
葉長橢圓形，葉脈僅中肋明顯

▼ 8~9 月果實成熟，漿果
扁球型，密佈金褐色毛

▶果端具增大之宿存花萼，果縱徑 6 公
分、橫徑 6~10 公分，果肉白、微帶黃

葉面　　　　　　葉背

▲葉兩面不同色，葉面濃綠，背灰白綠、被褐白柔
毛，全緣，革質，葉長 15~30 公分、寬 6~10 公分

▼果實紅熟

- 學名
  Diospyros eriantha
- 別名
  烏材仔、烏柿
- 臺灣原生種

軟毛柿

因樹幹色較黑，又稱烏材仔和包公樹。產臺島低海拔闊葉樹林中，適全省平地栽植，需陽光充足。

◀葉背灰白綠，羽狀側脈 4~7 對，中肋與第 1 羽脈色淺褐並佈毛

◀樹皮灰黑色、尚平滑

◀花期 7~8 月，雌花單生腋出，白色，冠徑 0.5 公分，4 單瓣

◀新芽基部有多層鱗片

▲單葉互生，葉長橢圓披針形，革質，葉長 7~10 公分、寬 2~3 公分、柄長 0.34 公分

▼常綠小喬木，全株多處被黃褐色毛

▼芽與嫩葉均密被銀白褐毛茸、下垂狀

▼果期 10~ 翌 2 月，漿果卵橢圓形，徑 1.5 公分，佈黃褐色毛茸

柿樹科

象牙木

- 學名
  Diospyros ferrea
- 英名
  Philippine ebony persimmon
- 別名
  烏皮石柃、琉球黑檀
- 臺灣原生種

分佈於臺灣海岸，又稱烏皮石柃或琉球黑檀，皆因幹色深黑，亦泛稱為黑檀木。全日或半日照均可。性喜高溫、濕潤，耐寒不佳。耐乾旱，耐鹽、抗強風，適生於海邊珊瑚礁石灰岩地，或海岸防風林。

鳥類與小型哺乳動物喜食紅熟果實。巨木是排灣族頭目與貴族雕刻屋樑的專用材料，或做刀把、刀鞘。

▲老幹色黑 (中興大學)

▲雄花 2~3 朵簇生，長
　0.5 公分，雄蕊 6~12

雄

▲4~6 月開花，花淡
　黃色，雌雄異株

雌

▲雌花多單立，花柱 3 歧

▼修剪樹型

▼新葉紅豔。葉倒卵形，僅中肋明顯，全緣、略反捲，
葉長 2~5 公分、寬 1~2 公分、柄長 0.2~0.5 公分

葉背

葉面

▶單葉互生、二列狀，葉面平滑、富
光澤、中肋凹下，背淺綠色，厚革質

▼漿果橢圓形，長 0.8~1.2 公分，果徑 1 公分，
初有毛，熟為橙黃至橙紅色，內有種子 1 粒

▼中興大學

▼7~8 月結果

▼常綠小喬木至大灌木

柿

· 學名
Diospyros kaki
· 英名
Persimmon

· 原產地
中國

喜全陽直射光照，可容忍霜害。

柿子為繡眼畫眉之鳥餌植物

▲ 4 月開花，雌雄同株或偶為雜性
株，雌花單立。花冠淡黃色，冠徑 0.5~1
公分，深 4 裂，裂片長橢圓形，有毛；具
增大的合生花萼、深 4 裂

葉背

▲ 全緣微波，厚紙質，羽狀側脈 5~6 對，
背色淺綠，葉長 8~16 公分、寬
4~10 公分、葉柄長 1~2 公分

葉面

▶ 單葉互生，新嫩枝葉密被
淡褐色短毛，葉闊橢圓形

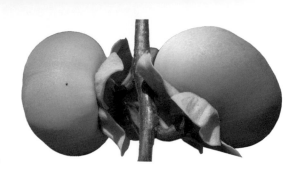

◀樹皮灰黑色，
　片狀龜裂剝離

▲果實 8~12 月成熟，漿果多扁球形，徑 8~10
　公分，果熟色橙黃至橙紅，基部有宿存萼片

▲▼落葉喬木，冬天落葉前葉色會轉為黃、紅桔色

▲▼蜜柿 (筆柿)

星蘋果

· 學名
Chrysophyllum cainito
· 英名
Star-apple

· 別名
牛奶果
· 原產地
熱帶美洲，西印度群島

果實可食，橫切之中央似星形，花綻放時5花瓣開展似星，故名星蘋果。穗狀花序，小花徑約 0.5 公分，5 花瓣，5 雄蕊。

▲果圓形，徑 5~10 公分，熟果外皮暗紫或綠色

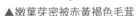
▲嫩葉芽密被赤黃褐色毛茸

▲果肉白色，富含乳汁，故名牛奶果

▲臺灣常見之紫果種，果皮光滑革質

▲果肉白色帶紫，橫切面中央似星形

◀葉背初呈淺銀褐色，後漸變金褐色；中肋明顯，平行羽側脈多條。單葉互生，葉長橢圓形，革質，葉長 8~15 公分，寬約 4 公分，全緣

▼常綠喬木 (彰師大附工)

▶褐色樹幹夾雜黑斑塊，不規則縱裂

▲種子黑褐色

· 別名	· 學名
吳鳳柿	*Manilkara zapota*
· 原產地	· 英名
熱帶美洲	Sapodilla

人心果

山欖科

　　熱帶果樹，臺灣中南部結果較佳，果追熟軟化後可食。喜陽光充裕。樹皮含豐富乳白樹膠，是早期製造口香糖之原料。

▶單葉互生或叢生，葉長橢圓形，全緣，革質

▼常綠中喬木

葉背

◀葉背淺綠，葉長 8~17 公分、寬 2~5 公分、柄長 2~4 公分，多對羽狀側脈

▲花四季常開，兩性花，花數朵腋生

◀花冠筒形，長約 1 公分、徑 0.5 公分，花瓣淡綠白色，先端 12 裂、排成 2 輪

▼漿果卵圓形，果熟於 6~9 月，褐色，徑約 5~10 公分

▼果實縱剖面似人心，故名之

▼全株富含乳白色汁液，黏稠如白膠般。嫩枝及幼芽被銹褐毛茸

▼樹皮暗褐色、縱龜裂

▼長橢圓形種子、黑褐色

・別名	・學名
仙桃	*Lucuma nervosa*
・原產地	・英名
美洲	Egg fruit

蛋黃果

　　常綠小喬木，枝破裂流出白色漿液。果色金黃似蛋黃，口感亦如煮熟之蛋黃，故名之。熱帶果樹，性喜高溫與陽光充足。

葉面　　　　　葉背

▲單葉互生至叢生，葉長橢圓形，羽狀側脈 10~20 對，全緣，葉長 10~30 公分、寬 2.5~8 公分、柄長 1~2.5 公分，嫩葉與小枝被淡褐色毛茸

▲葉面濃綠色、背淺綠，薄革質

▼5~6 月花開始綻放，花期頗長，常持續至 10~12 月，單花或 2~3 朵簇生於葉腋，花兩性，色綠白，不完全展開。花冠壺形，長 1.3 公分，冠徑 0.6 公分，4~7 瓣，每朵綻放短暫

▼常見品種之果實有橢圓及心臟形，橢圓形果之果肉內藏種子 1 粒，種子橢圓形；心臟形果之種子常 2 粒以上。果實於 12 月成熟，外皮光滑色橙黃

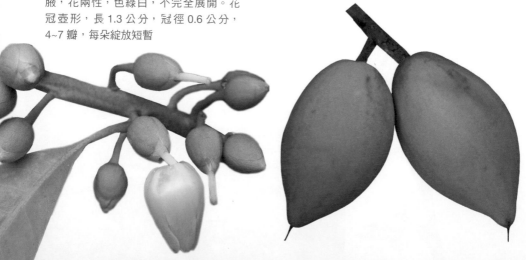

牛油果

- 學名
  Mimusops elengi
- 英名
  Bullet wood
- 別名
  牛乳木
- 原產地
  東南亞

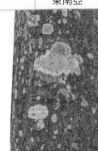

果實雖小，成熟橙紅色，小果鳥兒喜食。植株具白色乳汁，又名牛乳木；英名 bullet wood 意即子彈木，乃因其果實形似子彈。

▲常綠喬木
（臺中都會公園）

▲幹面淡褐色，
具縱向裂紋，
偶見地衣貼生

▼葉背色較淡綠

▲單葉，互生，新葉翠綠，老葉暗綠色。
葉長橢圓形，長 8~13 公分，寬 4~6 公
分，葉柄長約 1.5 公分；薄革質，全緣

▶種子長約 1 公
分，黑褐色

◀嫩枝密被黃褐色
毛茸，側脈多條平行

◀白花 1~6 朵叢聚腋
生，卵形花芽外被淡褐
色毛茸，3~4 月綻放

▶果實卵形，長
2.5~3 公分，

▶花冠徑 1~1.5 公分

▼熟果橘紅色，果期 6~10 月

· 學名
Palaquium formosanum
· 英名
Taiwan nato tree
· 臺灣原生種

大葉山欖

▲乳汁豐富　　▲嫩葉背被毛

　　分佈於北部濱海及南部恆春，蘭嶼與綠島也有天然分佈。乳狀汁液可用作絕緣材料之膠，又稱為「臺灣膠木」。蘭嶼雅美族稱為「蘭嶼芒果」，因果實美味可口。生長緩慢，抗風、耐鹽，葉片厚實不易被強風吹得破爛，適海岸第2線種植。喜高溫多濕充足日照。

◀背淺綠色，
羽狀側脈 7~10 對

▲新葉背

▲葉片長橢圓或長倒卵形，葉柄短。葉全緣，
　全緣略反捲，厚革質，葉柄長 0.2~0.5 公
　分，葉長 10~15 公分、寬 5~7 公分

短枝

長枝

▲單葉互生，枝條有長短枝之別，
　葉片多簇生於短枝

▼花徑約 1 公分，雄蕊約 20 枚。
　花 2~4 朵簇生葉腋，花冠綠白色

◀花味不佳

▲橢圓至紡錘形果長 4 公分、徑 1.2~2.5 公分

▶嫩枝、葉柄以及新葉
面均密布黃褐色茸毛

◀果實內有種子 1~4
粒，種子具硬殼，紡錘形，
長約 2.5~3 公分，種皮外側黑褐色，裡側微
銀色。質輕，可飄於海水以利散播

種子

◀果實乾熟開裂，
露出種子

▶常綠大喬木，
幼樹圓錐狀

▼幹面色深　　　　　▼樹皮厚，黑褐色，稍有縱裂　　▼老株幹基形成板根

· 學名
Planchonella obovata
· 別名
樹青

· 臺灣原生種

山欖

▼常綠中小喬木，海岸大灌木的主要
樹種，適濱海環境 (大林火車站)

葉面　　葉背

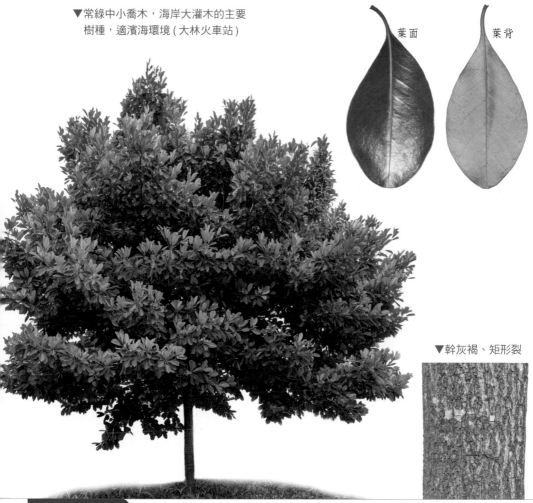

▼幹灰褐、矩形裂

類似植物比較 大葉山欖與山欖

項目	大葉山欖	山欖
喬木	大	中 ~ 小
葉長 (公分)	10~15	10
葉寬 (公分)	5~7	3~4
質地	厚革質	革質
葉面色	濃綠	綠
葉背色	淺綠	銀灰至銀褐

大葉山欖　　　　山欖

▲比較大葉山欖與山欖的種子

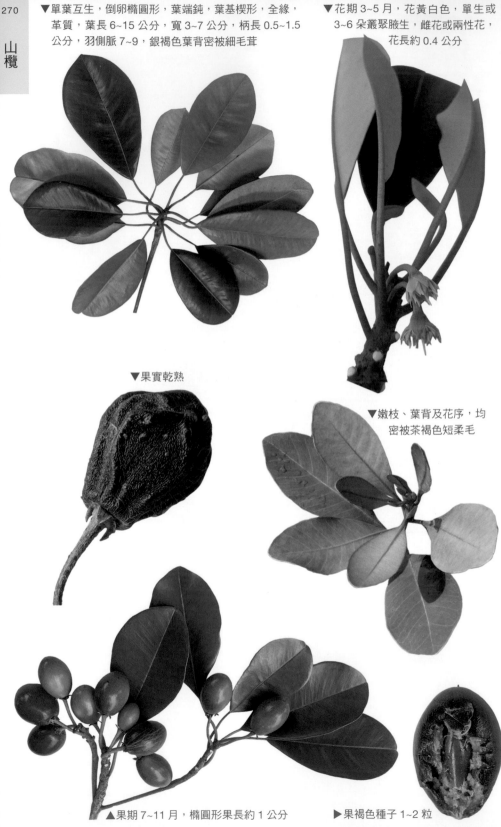

▼單葉互生，倒卵橢圓形，葉端鈍，葉基楔形，全緣，革質，葉長 6~15 公分，寬 3~7 公分，柄長 0.5~1.5 公分，羽側脈 7~9，銀褐色葉背密被細毛茸

▼花期 3~5 月，花黃白色，單生或 3~6 朵叢聚腋生，雌花或兩性花，花長約 0.4 公分

▼果實乾熟

▼嫩枝、葉背及花序，均密被茶褐色短柔毛

▲果期 7~11 月，橢圓形果長約 1 公分

▶果褐色種子 1~2 粒

· 原產地
熱帶亞洲

· 學名
Averrhoa bilimbi
· 別名
長葉五斂子

木胡瓜

　類似胡瓜長在樹幹上，故名木胡瓜，果實形似胡瓜與楊桃的綜合體，可食但偏酸。

▼複葉有小葉 6~20 對，小葉披針形，互生，小葉於夜間或雨天閉合

▲幹面有縱、橫向
不規則裂紋

▲枝條皮目明顯

◀常綠喬木，一回奇數羽狀複葉，簇聚於枝梢
（高雄大坪頂熱帶植物園）

嫩枝佈毛茸

▼ 羽葉長 15~30 公分，小葉長 3~5 公
分、寬約 2 公分，全緣，葉基略歪，短
小葉柄被短柔毛、長 0.3 公分

▲老株花多幹生，綻
放於 4~12 月，總
狀或圓錐花序

▶花瓣 5、紅紫色，長約
1.5 公分、寬 0.3 公分

◀長橢圓形肉質漿果，黃綠色，長 5~10
公分，具不明顯 5 稜，花萼宿存

▶幹基著果

▲樹幹灰黑、大
小龜裂頗多

· 學名
  Averrhoa carambola
· 原產地
  馬來半島

楊桃

果實橫斷面呈星狀，故英名為 Star fruit，老樹花朵常幹生，乃熱帶樹種特性。喜好高溫潮濕，耐寒性弱，栽植處需充足陽光。

▲全年皆可結果，漿果長約 10 公分，黃綠至黃色，外具 5 縱稜

▲常綠小喬木

類似植物比較　楊桃與木胡瓜

2 者明顯差異：楊桃的花與果實非幹生，羽葉之小葉對數較少，葉片較寬。

	楊桃	木胡瓜
羽葉的小葉對數	4~6	6~20
花與果實	多枝生	多幹生
小葉長 x 寬 (公分)	3~6x1.5~4	3~5x1~2
小葉形	歪長卵形	披針形
羽葉之各小葉	頂小葉明顯較大	大小較一致

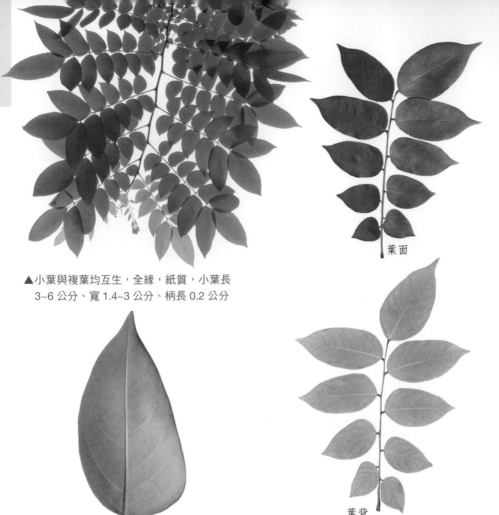

葉面

▲小葉與複葉均互生，全緣，紙質，小葉長
3~6 公分、寬 1.4~3 公分、柄長 0.2 公分

葉背

▲葉基歪圓，羽狀側脈 5~7 對，葉
背中肋與粗短小葉柄均被毛茸

▲ 1 回奇數羽狀複葉，小葉 4~6 對，
同一羽葉之頂小葉最大，而漸變
小，背淺綠色，總柄基部肥大

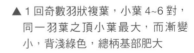

▲花四季常開，僅冬季較少。圓錐花序腋生

▲花冠鐘形，5 花瓣，冠徑 1 公
分，完全雄蕊 5，退化雄蕊 (無
花藥) 亦 5，花紫紅色

· 學名
Aglaia elliptifolia
· 英名
Large-leaved aglaia

· 臺灣原生種

大葉樹蘭

分佈於蘭嶼、綠島、恆春半島，
耐鹽、抗風，適濱海綠化。

▼花徑約 0.2 公分，5 萼、瓣，6 雄蕊

▲圓錐花序，小花黃褐色，花期夏季

▼果實橢圓形，長約 2 公分，內有 1 粒種子

▼常綠小喬木 (臺中科博館)　▼大灌木 (墾丁)

▶羽葉總柄端帶紅褐
色，點點痂鱗明顯

▲葉背色淺灰綠

▲奇數羽狀複葉互生，複葉有
小葉 3~5 對，小葉對生，葉薄革質

◀葉長橢圓形，長 8~12 公分，寬約 5 公分，全緣，羽側脈 6~9

· 別名
紅柴
· 臺灣原生種

· 學名
Aglaia formosana
· 英名
Taiwan aglaia

臺灣樹蘭

常見於恒春半島，蘭嶼及綠島之沿海岸叢林內，性喜高溫多濕，日照需充足。耐鹽、抗風，適濱海種植。

▶ 葉革質，全緣，羽側脈 5~6，中肋於葉背隆起；
總柄長 4~7 公分，小葉柄長 0.4~0.8 公分

▲ 全株被銀白色鱗片，1 回奇數羽狀複葉互生，小葉 3~5 片對生，複葉
長 13~18 公分。小葉長倒卵橢圓形，長 5~8 公分，寬 1.5~2.5 公分

▼ 常綠小至中喬木 (臺中文心公園)

◀ 樹皮黑褐，
不規則裂紋

▲圓球狀果，徑 1~1.5 公分，
成熟鮮紅色

▼花多數，雌雄異株或雜性花，
頂生或腋生的圓錐花序，花序
長 10~18 公分，密生銀色鱗屑

綠果

▲花淡黃色，徑 0.2 公分，5 花瓣

▲種子黑色，有不規則白網紋

· 學名
Swietenia macrophylla
· 原產地
中美洲

大葉桃花心木

棟科

分佈海拔高度 500 公尺以下，喜溫暖、冬季無霜害處，喜充足日照，稍耐陰濕。

▲樹幹筆直，
　灰黑幹面、
　有灰白縱裂

▼具熱帶植物瞬間落葉現象，3~4 月會在短時間內，老葉轉為黃紅褐色，旋即掉落，很快又長滿一樹新葉，全株光禿時間短暫

▼老樹板根 (中興大學)

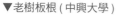

▼新葉

▼落葉大喬木 (新威苗圃)

葉面　　　　　葉背

▲羽狀側脈 7~15 對，葉基鈍歪，全緣，革質

▲落葉前可能轉紅

▲1 回偶數羽狀複葉，小葉 5~8 對，羽葉互生，小葉多對生，

類似植物比較 大葉桃花心木與桃花心木 *S. mahagoni*

大葉桃花心木除植株高大外，葉片與果實亦較大。

桃花心木生長較緩慢，耐寒性不佳，在臺灣生育較差。

項目	大葉桃花心木	桃花心木
株高 (公尺)	20~30	9~12
葉長 × 寬 (公分)	10~25×3~6	5~10×2~4
小葉對數	5~8	3~5
果長 (公分)	15	10

桃花心木

大葉桃花心木

桃花心木

大葉桃花心木

◀每個果實約有 40~60 粒種子，彼此疊貼

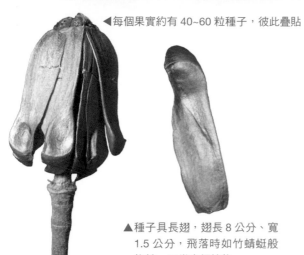

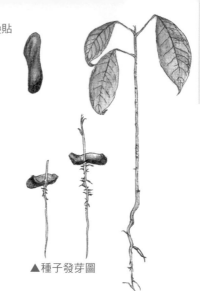

▲種子具長翅，翅長 8 公分、寬 1.5 公分，飛落時如竹蜻蜓般 旋轉，可當童趣植物

▲種子發芽圖

◀果實剖開，裡面的種子一片片疊放整齊

▲果長 15 公分、徑 7~9 公分，果熟自基部開裂為 5 厚瓣

▼花期 4~5 月，先長新葉再開花，雌雄同株異 花，聚繖花序組成圓錐狀、頂生

▼果實 3~4 月成熟，木質蒴果卵形，熟黃褐色

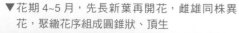

香椿

- 學名
  Toona sinensis
- 英名
  Chinese cedar
- 原產地
  中國

熱帶至亞熱帶均適合，垂直分佈500公尺以下，喜溫暖、耐寒性稍弱，陽性樹。

▶幼株

▼新嫩葉紅色、被毛茸，為主要食用部份，具特異氣味

▼落葉中喬木，長羽葉下垂狀，互生於枝條

▼幼株幹面淺褐色，有大而明顯的葉痕

葉痕

▼葉基鈍歪，葉薄紙質，羽狀側脈 18~24 對，小葉長 9~18 公分、寬約 4 公分、柄長 0.8 公分

葉面　　　　葉背

翅 ——

▲種子具翅

◀果熟褐色、5 片開裂，如花朵般

▲ 1 回偶數羽狀複葉，小葉 7~20 對，小葉對生，葉卵披針形，全緣或淺疏鋸齒

▼花期夏天，圓錐花序，白花，冠徑 0.3 公分，5 花瓣，5 雄蕊

▼蒴果長橢圓形，長約 2.5 公分

無患子科

龍眼

· 學名
Euphoria longana
· 英名
Longan
· 原產地
華南

又名桂圓，幼樹耐陰，成樹需強陽。葉為恆春小灰蝶的幼蟲食草，花為姬小紋青斑蝶之蜜源植物，花朵為本省養蜂之重要蜜源。

▲常綠中喬木，株高 10~20 公尺，老樹冠開展

▶小葉互生、近於對生，小葉 4~6 對，基鈍歪，羽狀側脈 11~12 對

▼新葉紅色

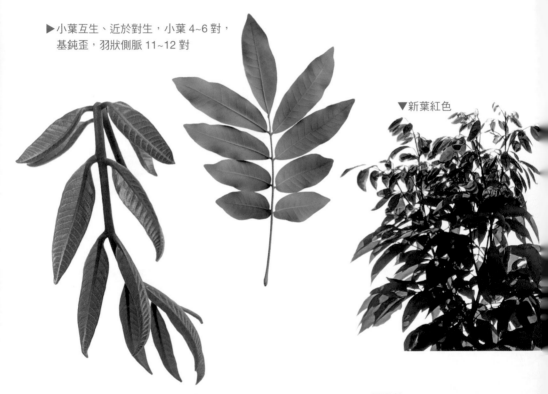

▲新葉紅，全株幼嫩部份被銹褐色毛茸

▼ 7~8 月果熟

▶老幹樹皮厚、粗糙，片狀剝離，具瘤狀凸起、灰褐色。幹面有荔枝椿象的卵

卵

◀葉背粉白綠、脈腋有毛、且葉脈細密，中肋黃綠色、隆起

▶葉長橢圓形

荔枝椿象

◀葉背有荔枝椿象與卵

卵

◀1回偶數羽狀複葉互生，嫩枝葉紅豔至暗紫褐色，葉全緣，革質。小葉長 7~14 公分、寬 3~7 公分、柄長 0.5~1 公分

雌花

雄花

◀花徑 0.5 公分，花瓣 5~6 片，8 雄蕊，柱頭 2 裂，花黃色

▼花期春末，圓錐花序

無患子科

荔枝

· 學名
Litchi chinensis
· 英名
Litchi
· 原產地
中國東南

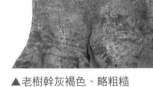

葉為恆春小灰蝶之食草，花為姬小紋青斑蝶之蜜源植物。

▶ 5~6 月果實成熟

糯米品種

▲老樹幹灰褐色、略粗糙

◀1 回偶數羽狀複葉，互生，葉長 7~12 公分、寬 3~4 公分、柄長 0.5~1 公分。小葉 2~4 對，小葉對生，葉長橢圓形，全緣，革質，羽狀側脈 8~13 對

▼常綠小 ~ 中喬木

雄花

雄花

雌花

雄花

▲春天開花，頂生圓錐花序，花多雜性，
無花瓣，徑約 0.3 公分，花白黃色

▼葉背灰綠或蒼綠色，小
葉柄與總柄基部均肥大

小葉柄基

總柄基

▼盛花期

▼葉背中肋周邊的細脈格

番龍眼

· 學名
Pometia pinnata
· 別名
臺東龍眼

· 臺灣原生種

臺灣僅分佈於東部及蘭嶼，故名臺東龍眼；果實有層假種皮，味甜且多汁，如龍眼般可生食，又名蘭嶼龍眼。在蘭嶼，樹幹與板根用來造船或建屋，以及盛裝飛魚的木盤、搗檳榔之小臼、與織布機的刀狀打棒。垂直分佈海拔400公尺以下，成樹須充足陽光。耐風且耐鹽，適海岸地區。

▼常綠中～大喬木，幹基會形成板根（彰化北斗傳世）

▼樹皮薄，雲片狀剝落

類似植物比較　龍眼、荔枝與番龍眼

項目	龍眼	荔枝	番龍眼
生長習性	中喬木	小～中喬木	中～大喬木
樹幹	條裂狀剝落	無條裂、不剝落	雲片狀剝落
小葉對數	4~6	2~4	4~12
葉緣	全緣	全緣	疏淺鋸齒
葉端	較鈍	銳尖、短尾	漸尖
葉基	歪	正	歪斜
長×寬(公分)	6~12×3	6~12×3	16~20×4~7，葉片較大
葉面色	黃綠	墨綠	濃綠
葉背色	粉灰綠	蒼綠	黃綠
葉質地	革質	革質	厚紙質
複葉之小葉排列	多位於同一平面	多位於同一平面	小葉下垂，彼此間平行
花期(月)	4~5	3	3~4
結果期(月)	7~8	5~6	6~7

◀一回奇數羽狀複葉，小葉 4~12 對，大葉互生，小葉近對生，葉厚紙質，羽狀側脈 20 對，小葉長 16~20 公分、寬 4~7 公分、柄短或近於無柄，小葉下垂、彼此間平行

▲光滑種子栗褐色，由透明粘質、乳白色、多肉質的假種皮包裹

▼花期春天，花黃綠色、葯紫紅色、冠徑 0.3~0.4 公分　　▼圓錐花序，花雜性

▼嫩芽滿佈毛茸 (吳昭祥拍攝)

▲葉卵歪披針形，端漸尖、基鈍歪，葉緣疏淺鈍鋸齒

▼ 6~7 月果熟，球形核果，徑 2.5~4 公分，初期淺綠色，成熟轉橄欖綠　　▼新嫩葉紅豔，密被細長毛茸

無患子

· 學名
Sapindus mukorossi
· 英名
Chinese soap berry
· 臺灣原生種

相傳以其木材製成的木棒可以驅魔殺鬼，故名無患。半陰至陽性樹，適熱帶與亞熱帶，喜溫暖濕潤，垂直分佈海拔 1200 公尺以下。

▲樹幹灰黑，略粗糙

內有黑圓種子

冠羽畫眉吃無患子果實

▲果實之厚肉質狀的果皮含皂素，清潔劑尚未普及的年代，乃最佳替代品，只要用水搓揉便會產生泡沫。其種子孩童拿來當彈珠玩耍，僧人則以其製成佛珠或念珠

▲葉卵披針形，全緣，端銳尖、基歪斜，紙質，羽狀側脈 12 對

▲1 回偶數羽狀複葉，小葉
4~8 對，互生或近於對生

▼寒冬全落葉 (中科橫山公園)　▼落葉中喬木 (中科橫山公園)

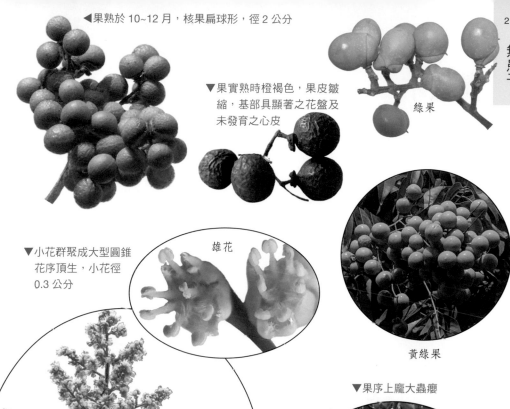

◀果熟於 10~12 月，核果扁球形，徑 2 公分

▼果實熟時橙褐色，果皮皺
　縮，基部具顯著之花盤及
　未發育之心皮

綠果

雄花

▼小花群聚成大型圓錐
　花序頂生，小花徑
　0.3 公分

黃綠果

▼果序上龐大蟲癭

▼落葉前葉轉為黃色

▼ 5~7 月開花，雌雄同株或異株，
　花單性或雜性，白或淡紫色

黃連木

· 學名
Pistacia chinensis
· 別名
爛心木
· 臺灣原生種

老樹的心材常腐朽成空洞,又名爛心木。新葉紅,落葉前葉色變黃、橙或紅,再加上春天的紅花、隨後的紅果,頗具四季變化。陽性樹,較不耐陰,適海拔高度 900 公尺以下。

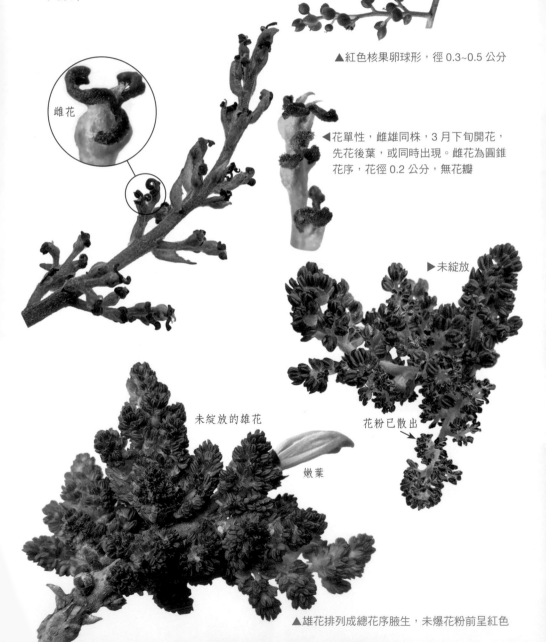

▲紅色核果卵球形,徑 0.3~0.5 公分

雌花

◀花單性,雌雄同株,3 月下旬開花,先花後葉,或同時出現。雌花為圓錐花序,花徑 0.2 公分,無花瓣

▶未綻放

未綻放的雄花

花粉已散出

嫩葉

▲雄花排列成總花序腋生,未爆花粉前呈紅色

▼ 2021 晚冬酷寒變色紅艷 (拍攝地分別為：臺中中科，豐原火車站，臺中新市政中心)

▼葉歪披針形，全緣，基歪形，紙質，羽狀側脈 15~20 對，小葉無柄，小葉長 3~5 公分、寬 0.6~1 公分

葉背

黃連木

▼一回偶數羽狀複葉，偶有奇數；複葉長 30 公分，互生，小葉 6~10 對，對生或近於對生

◀樹皮茶褐色，淺溝鱗片狀至大片剝落，皮內橘褐色

▼落葉或半落葉喬木

漆樹科

山漆

· 學名
Rhus succedanea
· 英名
Wax tree
· 臺灣原生種

▲幹面色暗褐

　　落葉喬木，幼嫩處被黃褐色毛茸。分佈於臺灣海拔 1000 公尺以下，喜全日照。中名有漆，因其樹汁可製漆，但葉汁可能造成皮膚過敏。

▶複葉互生，總柄長 5~15 公分，小葉卵披針形，長 6~12 公分，寬 2~3 公分，葉基鈍略歪，全緣，紙質，葉背粉白色，羽脈 5~10 對

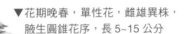

▼花期晚春，單性花，雌雄異株，腋生圓錐花序，長 5~15 公分

▶一回奇數羽狀複葉，長 20~35 公分，小葉 4~7 對，對生或近對生

▼核果，徑約 0.7 公分，歪扁球形。果熟淡褐色，有皺紋、不規則開裂

▶花小，數多，花徑約 0.3 公分，黃綠色，5 花瓣及雄蕊

・別名	・學名
巴西胡椒木	*Schinus terebinthifolius*
・原產地	・英名
巴西	Brazilian peppertree

巴西乳香

▼常綠中小喬木 (大林火車站)

樹體內具芳香樹脂，來自巴西，故名巴西乳香。高溫、全日照才會開花、結出艷紅小果群。

▲一回奇數羽狀複葉、互生，長約 20 公分；小葉 3~6 對、對生

▶花期 9~11 月，花果常同期出現；花小形，多數，單性，雌雄異株。頂生及腋生的圓錐花序，花序長 6~12 公分，花徑 0.2 公分，淡黃色，花瓣 5，雄蕊約 10，長短不一

◀葉軸具狹翼。小葉長橢圓形，長約 5 公分、寬約 3 公分，薄革質，全緣或不明顯疏鋸齒

▶葉背淡綠色，羽側脈 5~10 對

◀枝條佈皮目

▲樹皮黑褐色，深縱裂　▼紅果具觀賞性

◀球形核果，徑約 0.5 公分，由綠色轉黃、粉，熟變紅色

漆樹科

太平洋橄欖

- 學名
  Spondias cythera
- 英名
  Ambarella
- 別名
  莎梨
- 原產地
  太平洋群島

落葉喬木，為熱帶雨林植物，會瞬間落葉。喜全日照、溫暖、耐高溫，耐乾旱、不畏潮濕。

▶嫩枝綠色光滑，表面散佈淡褐色細小皮目

▶矮性太平洋橄欖，株高僅 3~4 公尺，葉長約 30 公分

▶葉緣疏淺鋸齒，平行之羽側脈 10~15 對，吻合脈直達葉緣，葉背色淺

葉面　　　葉背

▲小葉長橢圓形，葉基圓鈍，具小葉柄，複葉下部之小葉較短小

▶1 回奇數羽狀複葉、互生，4~12 對小葉，對生或近對生，小葉長 8~12 公分，寬約 2~4 公分

▲內果皮為堅硬之倒圓錐形核，長約 4 公
分，表面具堅韌之刺狀放射開展的纖維

◀橢圓形核果，長 6 公
分，徑 5 公分，綠轉淺
黃褐色，表面粗糙

▶果實醃漬後甜略帶酸，
稱為無籽橄欖

▲▼兩性小花，徑 0.7 公分，小花
梗長 0.4 公分，淡綠白色，5 花瓣
與萼片彼此互生，花瓣向後彎捲

▲花 5 月綻放，圓錐花序，長 15~20 公分

臺灣三角楓

- 學名
Acer buergerianum var. formosanum
- 英名
Three-toothed maple, Trident maple
- 別名
臺灣三角槭
- 臺灣原生種

　　臺灣特有變種，僅少量分佈於萬里及鷹石尖一帶。耐寒，亦可種在亞熱帶地區，但熱帶生長較差，喜好陽光。

▼單葉對生，掌狀3淺裂，全緣或粗鋸齒，革質，掌狀脈3出，葉長8~10公分、寬4~6公分、柄長3~5公分

▲新嫩葉翠綠、被細軟毛

▼冬天落葉前葉色轉紅

▶葉背灰綠、似被白粉

▼落葉小喬木 (臺中水崛頭公園)

▼樹牆 (臺中東大公園)

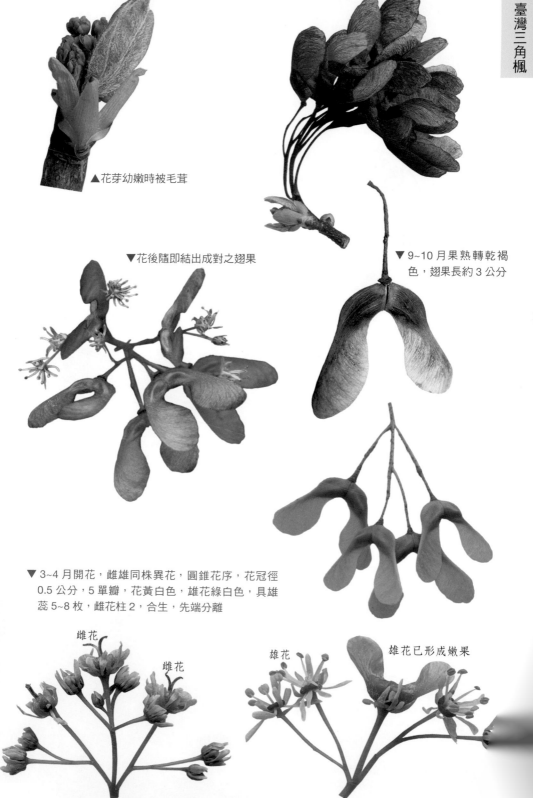

▲花芽幼嫩時被毛茸

▼花後隨即結出成對之翅果

▼9~10 月果熟轉乾褐
色，翅果長約 3 公分

▼3~4 月開花，雌雄同株異花，圓錐花序，花冠徑
0.5 公分，5 單瓣，花黃白色，雄花綠白色，具雄
蕊 5~8 枚，雌花柱 2，合生，先端分離

雌花
雌花

雄花
雄花已形成嫩果

臺灣紅榨槭

· 學名
Acer morrisonense
· 英名
Taiwan red maple · 臺灣原生種

栽植處日照需充足，垂直
分佈 1500~2200 公尺。

◀小枝平滑，環痕明
顯，照光一面帶紅
色，芽苞銳尖

▶空氣濕度高，
幹易長青苔

雌花

雌花

▼單葉對生，葉徑 5~8 公分，厚紙質，葉柄暗紅色，長
6~10 公分，新葉紅。掌狀 3~5 裂葉，葉端尾形、基
心形，掌狀脈 5~7 出，葉緣不規則粗鋸齒或重鋸齒

▲ 3~4 月開花，總狀花序
頂生下垂狀，花黃白色

▼落葉喬木，於中海拔山區，常被霧氣圍繞

▼ 11~12 月果熟，
翅果轉為乾褐色

◀種子 0.7 公分，翅長約 1.8 公分，
寬約 0.8 公分，角度 90~110°

・原產地
中國、日本、韓國

・學名
Acer palmatum
・英名
Japanese maple

掌葉槭

▼落葉小喬木，全球著名之紅葉植物

耐寒，亞熱帶亦可生長。低溫加上陽光充沛，艷紅葉色才能表顯，全陽或半陰均可。

▼芽基有紙質之鞘狀物，呈紅色展開，紫紅色小花苞下垂狀

▶雄花內白外紅，雄蕊 5~8 枚

◀熟果紅色，翅果長 1.3~2 公分，內曲狀

▼紫葉槭 *A. p. f. atropurpureum* (太平山)

▼日本京都為賞楓勝地

◀單葉對生，掌狀 5~7 裂，裂片披針形，葉緣鋸齒。紙質，掌狀
脈 7 出，葉幅 4~13 公分、柄長 5~9 公分

▲臺灣掌葉槭（*A. p. var. pubescens*），
平時葉呈綠色

▲有許多園藝栽培品種，葉色、葉型、葉片大小、質地頗富變化。有些品種從春天發新葉直至落
葉前，葉色均呈紫紅色。

- 別名
  青槭
- 臺灣原生種

- 學名
  Acer serrulatum
- 英名
  Green maple

青楓

因幼樹幹面綠色而得名。頗富盛名的紅葉植物，秋冬落葉前寒流侵襲，葉片形成離層，葉綠素轉為葉紅素，此時日照充足、日夜溫差大，葉色越紅豔。幼樹半陰性，成木需全日照；適全省海拔 2000 公尺以下，耐寒。

▲新葉紅豔，落葉前葉轉紅，葉長 7~8 公分、寬 9~10 公分、柄長 2~5 公分。葉緣鋸齒，紙質

▲葉掌狀 5 裂、偶 7 裂，裂深達葉片 1/2，偶見 3 葉輪生

▼落葉中小喬木 (臺大梅峰)

▼樹皮灰白色，平滑

▲單葉對生

▼ 2021 年 2 月大寒流後 (林務局東勢林管處)

▼杉林溪的紅猩猩

夾竹桃科

黑板樹

· 學名
Alstonia scholaris
· 英名
Devil tree

· 原產地
印度、馬來西亞、
菲律賓、爪哇

　　英名 Devil tree 乃形容生長極快速如鬼魔般，原產地可高達 60 公尺。熱帶樹種，海拔 300 公尺以下均適合，性喜充足日照。

　　生長快速，數年就根粗幹壯，樹齡超過 10 年之胸徑可達 60 公分，且根系淺，易破壞鄰近之硬體，造成地面翹起、突高與裂縫，易導致絆倒受傷，隨時間，根害問題日漸嚴重。

　　果實成熟爆開，種子攜帶附生之棉絮四處飄散；花朵氣味令民眾反感，生長快速，材質鬆脆，颱風後斷枝嚴重等招致民怨。

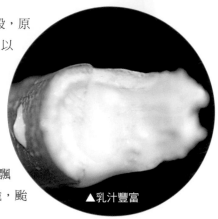

▲乳汁豐富

▲樹皮色黑、具縱裂紋

▲枝條上皮孔多而凸出

▲根害嚴重

▼常綠大喬木 (豐樂公園)

▼矮化可降低風害

▼單葉 4~10 輪生，葉長橢圓形，全緣，革質，葉長 20 公分、寬 5~6 公分，葉柄長 1~1.5 公分

葉面　　　　　　葉背

▲葉片有多對平形的羽狀側脈，與中肋近於垂直；葉緣具吻合脈，離緣僅 0.1 公分

▶種子細長，兩端有毛叢

▼花期 10~11月，聚繖花序，花淺綠白色，花 5瓣、冠徑約 1 公分

▼果細長線狀下垂，長 30~60 公分、徑 0.3 公分，乾熟自動裂開

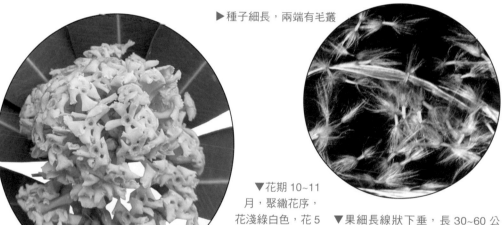

破布子

· 學名
Cordia dichotoma
· 別名
樹子仔

· 臺灣原生種

分佈於低海拔向陽森林中，喜日照充足。

▶樹幹密佈皮孔

▼單葉互生，全株幼嫩部位被褐色毛

▼易發生蟲癭

葉背

▲背淺綠，背主脈上有毛，具痂狀
鱗片，全緣波狀、具淺缺刻

▼落葉中喬木

▼核果球形，徑約 1.2 公分，中果皮透明具黏質

◀葉闊卵形，葉革質，羽狀側脈 3~5 對，葉長 6~13 公分、寬 4~10 公分，柄長 2~4 公分

▲果熟初為紅色，宿存花萼增大

▶採集果實經搓揉、加鹽醃製後，成為烹煮配料

▼花期春天，雜性株，花單性或 兩性，聚繖花序頂生，淡黃

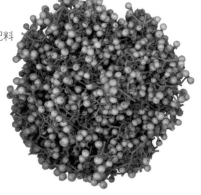

類似植物比較　破布子與破布烏 *Ehretia dicksonii*

葉片都是卵披針形，對生，葉面有許多平行走向之細脈，葉片明顯差異僅是葉緣，破布子是全緣波狀、疏淺缺刻，破布烏是細鋸齒。

▼破布烏

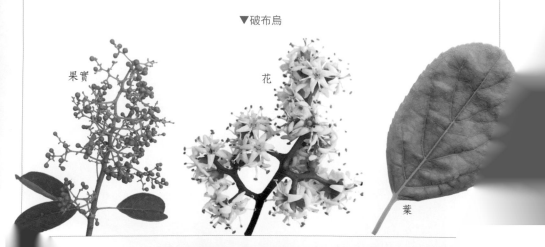

果實　　　花　　　葉

柚木

· 學名
Tectona grandis

· 英名
Teak

· 原產地
東南亞

用手揉搓粗糙葉面，手掌會泛紅，故名血樹。垂直分佈 400 公尺以下，熱帶樹種，喜高溫、豔陽與潮濕氣候。

▲葉全緣，粗糙，葉面有瘤粒狀硬毛，革質，羽狀側脈 8~12 對

▲小枝方形，單葉對生，葉闊卵形，幼嫩部分密被毛茸

▶果球形褐色，外有縱稜多條，徑 2~2.5 公分

◀葉長 20~60 公分、寬 15~40 公分，柄長 4 公分

▼落葉喬木

葉背

▶幹淡褐灰色，纖維質狀淺縱裂

▼老株會形成板根

· 別名
　樹蓼
· 原產地
　熱帶美洲、西印度

· 學名
　Coccoloba uvifera
· 英名
　Sea grape, Shore grape

海葡萄

結實纍纍狀如葡萄，原生育地為海岸地區，故名之。熱帶植物，耐寒性差，全陽至半陰均可，高度耐鹽霧以及鹽性土壤。果實會吸引鳥兒取食。

▲葉脈偶現紅豔

▶葉圓腎或廣心形，羽狀側脈 6 對，全緣微波，革質，葉徑 10~20 公分

▽吳昭祥拍攝

鞘狀托葉

▲新葉紅。單葉互生，中肋、羽側脈及葉柄均為紅色，柄長 1~2 公分，柄基具鞘狀、紅色之托葉

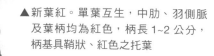

◀果熟紫紅色，徑 2 公分、梨形、肉中央有一粒堅硬種子 (吳昭祥拍攝)

海葡萄

▲樹幹光滑、色黃褐

▶枝節處有寬環痕

環痕 ——

▼常綠小喬木

▼生長於近海岸砂地、礁石之植株，常為低矮之灌木

▼花期春天，雌雄異株，總狀花序長 15~25 公分，花冠徑 0.3 公分，白花具芳香，5 花被、瓣
　狀，8 雄蕊，3 花柱。花序初呈直立或斜升，結果後即向下懸垂 (吳昭祥拍攝)

二

灌木

樟科

內茎子

· 學名
Lindera akoensis
· 別名
內冬子
· 臺灣原生種

喜充足日照、高溫、耐陰。

◀單葉互生，具短柄，葉革質，卵長橢圓形，長約 5 公分、寬約 3 公分，全緣微波

▲葉背淺綠，綠色細格網脈明顯

▲幼枝葉被毛

▲葉面綠、富光澤，葉基 V 脈頗長

▶新葉紅

▲雄花苞紅色。雌雄異株，花簇生葉腋，乳黃色，花期夏、秋間

▼常綠大灌木或小喬木

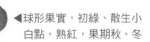

◀球形果實，初綠、散生小白點，熟紅，果期秋、冬

▼新葉芽紅艷

・學名
Machilus obovatifolia
・英名
Obovate-leaf machilus
・臺灣原生種

倒卵葉楠

臺灣特有種，分佈於恆春半島，海拔 700 公尺以下，常生長於在衝風口，或近海岸地區。種名 obovatifolia 由希臘文的 obovata（倒卵形）與 folia（葉）合併，形容葉片倒卵形，故名之；熟果紫黑色，又名青龍珠。原生育地僅在恆春半島，又名恆春楨楠。

葉背

◀葉背灰白，葉脈明顯，羽側脈約 5 對

▶單葉互生，葉長倒卵形，長約 5 公分、寬約 2 公分、葉柄長約 0.6 公分，厚革質，全緣

▼核果扁平球形，徑約 1.5 公分，成熟時黑色，基部常殘存反捲的花被片

▲花期 10~11 月，聚繖狀圓錐花序，長約 3 公分，小花黃綠色，花徑約 0.3 公分，6 花被

▼常綠小喬木至大灌木 (彰化成美文化園區)

▼春天新葉艷紅 (花博外埔園區)

紅芽石楠

· 學名
Photinia glabra
· 英名
Japanese photinia
· 別名
光葉石楠

· 原產地
中國

▶枝梢紅葉會隨時間漸轉綠

喜全日照、溫暖至冷涼，半日照也
會影響新葉的鮮紅色。

▲單葉互生，革質，葉緣
疏淺細鋸齒，羽側脈 10~18
對，葉長橢圓形，長 5~9 公
分、寬約 3 公分、葉柄長 1.5 公分

▲葉片被啃食

▼小白花，花徑不及 1 公分，
花期春天

▼頂生複繖房花序，花序徑 5~10 公分
（李靜婷拍攝）

▼常綠灌木，新葉紅豔群聚枝梢

· 學名
Dendrolobium umbellatum
· 英名
Taiwan tickclover
· 臺灣原生種

豆科

白木蘇花

原生育於南臺灣平原及沿海地區，多見於恆春、蘭嶼與綠島，性喜高溫強陽，耐鹽、耐風，適濱海地區。

▼嫩枝的葉背被灰白色
毛茸，羽側脈 7~10

◀3 出複葉互生，小葉橢圓形，長 4~8 公分、寬約 4 公分、小葉柄長 1~4 公分，頂小葉較大、葉柄亦較長

◀白花，6~12 朵繖形花序、腋生，花長 1~2 公分，花梗長 0.5 公分，蝶形花冠，花期 5~8 月

◀莢果長 2~5 公分、寬 0.5 公分，2~5 節，節間細縮，密生毛茸，果熟黃褐色，成熟時分離

▼常綠大灌木 (大鵬灣)

▼小白花

鼠刺科

小花鼠刺

· 學名
Itea parviflora
· 英名
Small flower sweet spire
· 臺灣原生種

因小果端漸尖，整體形似迷你版的老鼠頭，且葉緣的鋸齒帶刺，故名鼠刺。需充足日照，性喜溫暖、稍耐寒。鼠刺與小花鼠刺頗類似，小花鼠刺的葉緣尖刺會隨時間消失，而鼠刺之粗刺齒牙緣不會改變。

▲ 單葉互生，葉緣刺鋸齒。葉長橢圓形，長 8~12 公分、寬 2~3.5 公分，柄長 1~2 公分

▼ 葉背粉白，羽側脈 5~7 對、葉脈突顯，葉緣脈吻合，葉背中肋凸出

▲ 新葉與柄帶紅色

▶ 小白花密生，徑 0.3 公分

◀ 老葉之葉緣轉變為鈍鋸齒至全緣

▼ 常綠大灌木至小喬木

▼ 總狀花序長 2~5 公分，腋生

- 學名
  Aucuba japonica
- 英名
  Japanese aucuba
- 原產地
  喜馬拉雅山、日本

東瀛珊瑚

紅果鮮豔、葉色亮麗，有許多斑葉品種。普遍栽植於全球溫帶地區，乃日式庭園之典型代表植物。喜濕潤之遮蔭林下，不耐強陽直射，耐寒。

◀單葉對生，披針形葉，近葉端之葉緣為疏鋸齒，革質。葉長 10~17 公分、寬 3~6 公分、柄長 1~4 公分

▶葉羽狀側脈 5~8 對，生長處過於陰暗，葉面黃斑點會變綠色

斑葉品種

▼星點東瀛珊瑚（'Variegata'，英名為 Gold Dust）綠葉面密佈黃斑點

▼中斑東瀛珊瑚（'Picturata'）葉中央具大形完整黃斑塊，葉緣淺綠、並散佈小黃斑點

▲斑緣東瀛珊瑚（'Sulphurea Marginata'）葉暗綠色、黃色寬緣

◀常綠灌木

◀秋冬果熟，猩紅色，長約 2 公分，果梗長約 0.5 公分

▶此雄花半綻放，4 單瓣，4 雄蕊

▶花期 3~4 月，雌雄異株，圓錐花序，
雌花群腋生，雄花序頂生、直立

類似植物比較　東瀛珊瑚與桃葉珊瑚

	東瀛珊瑚	桃葉珊瑚
小枝	光滑	被柔毛
葉形 (長 × 寬，公分)	橢圓形 (10~17×3~6)	長橢圓披針形 (7~25×1.5~6)
花瓣端	銳尖、小短尾	長尾
分佈	全島，海拔 500~1500 公尺	中南部，海拔 800~2000 公尺
生育適溫	10~25℃，較容忍平地氣候	10~20℃，畏平地夏季高熱

桃葉珊瑚 (*A. chinensis*)

英名為 Chinese aucuba，產臺灣中海拔地區，常綠灌木或小喬木，
枝粗、二歧分枝，冬芽球狀，4 對鱗片交互對生，葉形變異頗大。
葉形似桃葉、果色如珊瑚般鮮艷亮麗，故名桃葉珊瑚。

五加科 (Araliaceae) 主要科特性

單葉、掌狀複葉或羽狀複葉，互生。托葉常連生於葉柄基部，如葉鞘狀。莖枝常佈皮孔。花小，繖形或複繖形花序，5 單瓣。好溫暖多濕之半陰環境。種檢索表如下：

A1　單葉

　　B1　掌狀 3~5 裂葉　　　　　　　　　　　　　　　　　　常春藤

　　B2　掌狀 5 裂葉

　　　　C1　裂片寬 <2 公分　　　　　　　　　　　　　　　　五爪木

　　　　C1　裂片寬 >2 公分　　　　　　　　　　　　　　　　熊掌木

　　B3　掌狀 >7 裂

　　　　C1　葉片掌狀 7~9 裂，深裂 1/2~2/3　　　　　　　　八角金盤

　　　　C1　葉片掌狀 7~13 裂，深裂至葉基　　　　　　　　臺灣八角金盤

A2　羽狀複葉

　　B1　一回羽狀複葉

　　　　C1　葉圓腎形

　　　　　　D1　全葉綠色　　　　　　　　　　　　　　　　圓葉福祿桐

　　　　　　D2　綠葉緣具不規則白斑　　　　　　　　　　　鑲邊圓葉福祿桐

　　　　　　D3　葉面有奶白、淺黃與綠等多色　　　　　　　斑紋福祿桐

　　　　C2　葉橢圓或卵形

　　　　　　D1　葉身平展無皺摺

　　　　　　　　E1　全葉綠色　　　　　　　　　　　　　　綠葉福祿桐

　　　　　　　　E2　綠葉緣具不規則白斑　　　　　　　　　福祿桐

　　　　　　D2　葉身皺摺　　　　　　　　　　　　　　　　卷葉福祿桐

　　B2　二～三回羽狀複葉

　　　　C1　小葉全部羽狀裂　　　　　　　　　　　　　　　裂葉福祿桐

　　　　C2　小葉除羽狀裂外，葉形多種　　　　　　　　　　羽葉福祿桐

A3　掌狀複葉

　　B1　小葉線形　　　　　　　　　　　　　　　　　　　　孔雀木

　　B2　小葉非線形

　　　　C1　葉緣為全緣

　　　　　　D1　葉長 5 公分　　　　　　　　　　　　　　　密葉鵝掌藤

　　　　　　D2　葉長 6~12 公分

　　　　　　　　E1　葉端鈍圓　　　　　　　　　　　　　　卵葉鵝掌藤

　　　　　　　　E2　葉端非鈍圓　　　　　　　　　　　　　鵝掌藤

　　　　　　D3　葉長 10~15 公分　　　　　　　　　　　　高山鴨腳木

　　　　C2　葉緣常全緣，偶有鋸齒，葉長 20~30 公分　　　澳洲鴨腳木

　　　　C3　葉緣少全緣，常有鋸齒，葉長 10~12 公分　　　鴨腳木

孔雀木

· 學名
Dizygotheca elegantissima
· 英名
Spider aralia

· 原產地
澳洲、太平洋島

耐陰、不耐強光，幼苗較畏寒，老株較耐寒。

▼掌狀複葉互生，小葉 3~9 片，葉緣鋸齒，
　葉線形，小葉長 10~25 公分

葉背　　　葉面

▲葉藍綠或褐綠色，革
　質，葉脈僅中肋明顯

寬葉品種

▼細窄葉品種

▼常綠小喬木或大灌木

·原產地	·學名
日本	*Fatsia japonica*
	·英名
	Japanese *fatsia*

八角金盤

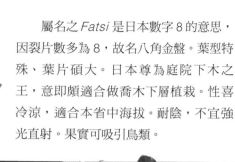

　屬名之 *Fatsi* 是日本數字 8 的意思，因裂片數多為 8，故名八角金盤。葉型特殊、葉片碩大。日本尊為庭院下木之王，意即頗適合做喬木下層植栽。性喜冷涼，適合本省中海拔。耐陰，不宜強光直射。果實可吸引鳥類。

▲單葉互生，葉緣細鋸齒，掌狀 7~9 中裂，葉面徑與柄均約 20~30 公分

斑葉品種

▼常綠大灌木

類似植物比較 八角金盤與臺灣八角金盤 *F. polycarpa*

項目	八角金盤	臺灣八角金盤
原產地	日本	臺灣海拔 500~2300 公尺陰溼地
葉片裂數	7~9	7~13
裂片程度	中裂或裂至全葉 2/3	深裂近葉基
莖枝	光滑	幼枝被褐色毛茸

八角金盤

▲花兩性或雜性，小花與花梗均為白色

◀小型、肉質、黑色球形果
實，冬季成熟，果徑 0.4 公
分，果端有 5~6 宿存花萼

▲▼秋天開花，圓錐狀繖形花序頂生，花序具長梗

・原產地
　馬來西亞、菲律賓

・學名
　Osmoxylon lineare
・英名
　Miagos bush

五爪木

黃金五爪木 'Gold Fingers'

喜高熱，畏寒，全日或半日照，掌狀 5 裂葉，故名「五爪」。

▶掌狀 5 裂葉，裂片長披針形，全緣，具長柄

▼葉色金黃 (南庄雲水度假森林)

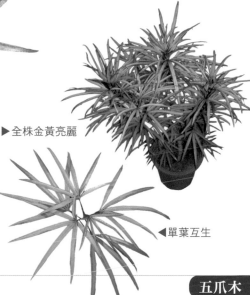

▶全株金黃亮麗

◀單葉互生

▼核果圓球形，徑 0.5 公分，熟時由綠轉黑色

五爪木

▲複繖形花序頂生，小花徑 0.3cm

▼常綠灌木

福祿桐屬 *Polyscias*

常綠灌木，耐陰，葉具越多黃斑者需光較多，性喜高溫多濕。大葉互生，小葉對生，一回奇數羽狀複葉，小葉 3~5 片，葉闊橢圓或圓腎形，葉緣不規則鈍鋸齒或淺缺刻，革質，掌狀脈 5~9 出，葉幅 5~8 公分。

◀具鞘狀托葉，葉柄紫褐色

托葉

▲莖枝與葉軸紫褐色、散生灰白色之腺狀皮孔

圓葉福祿桐 *P. balfouriana*

▶葉面濃綠、背綠色

虹玉福祿桐 *P. guilfoylei* 'Fabian'

斑紋福祿桐 cv. Pennockii

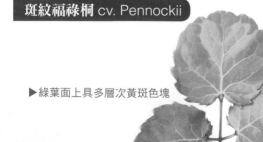

▶綠葉面上具多層次黃斑色塊

鑲邊圓葉福祿桐 cv. Marginata

▼又名白雪福祿桐，綠葉緣具不規則白斑

福祿桐 *P. guilfoylei*

▲大葉互生，葉卵橢圓形，葉緣不規則鋸齒，革質，羽狀側脈 6~8 對，小葉長 8~15 公分、寬 4~8 公分，柄長 1~3 公分。綠葉緣鑲細白邊，一回奇數羽狀複葉，小葉 3~7 片、對生

勝利福祿桐 var. *victoriae*

◀又名碎葉福祿桐，2~3 回奇數羽狀複葉，葉腎形，緣鋸齒或缺刻，掌狀脈 3~5 出，小葉幅與柄約 1~3 公分

綠葉福祿桐 cv. Green Leaves

羽葉福祿桐 *P. fruticosa*

◀小葉披針、長橢圓形或羽狀裂葉，小羽片或小葉 4~6 對，緣鋸齒，小葉長 3~5 公分、寬 2~3 公分、柄長 0.5~1 公分

▼葉軸 2 小羽片著生處肥突、具關節狀構造

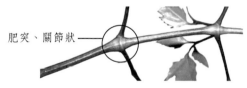

肥突、關節狀

▼2~3 回羽狀複葉，羽片 7~8 對，大葉長 30~60 公分、互生，小羽片對生，小葉對生或互生

▼複繖形花序，花冠約 0.3 公分，5 單瓣，花色褐綠

鵝掌藤

· 學名
Schefflera arboricola
· 臺灣原生種

　　掌狀複葉類似展開的鵝掌，故名之。性喜高溫、潮濕，尚耐寒。全日照或半陰均可，戶外全陽處方開花結果。

鞘狀托葉

▲枝具茶褐色皮孔，托葉鞘狀

▼漿果球形，熟時黃色再轉紅紫，徑 0.5 公分

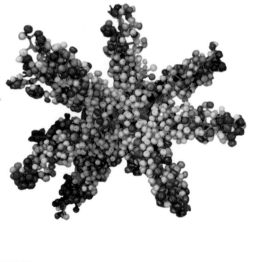

▲掌狀複葉互生，小葉 7~9 片，葉長橢圓形，全緣，小葉長 8~12 公分、寬 2~3 公分、柄長 1~3 公分

花苞

▼常綠蔓灌

▲纖形花序圓錐狀排列，頂生，花序長 50~60 公分，綠白花，花期秋天

卵葉鵝掌藤 'Hong Kong'

▼ 長卵形葉，較鵝掌藤寬，葉端較鈍
圓，葉長 8~12 公分、寬 2~4 公分

葉面

葉背

金南洋鵝掌藤

白斑卵葉鵝掌藤

斑葉鵝掌藤 'Gold Capella'

小葉鵝掌藤

黃葉鵝掌藤

端裂鵝掌藤

鴨腳木

· 學名
Schefflera octophylla
· 別名
江某、鵝掌柴
· 臺灣原生種

葉掌狀似鴨掌，故名鴨腳木，又因其花細小，雌雄不易分辨，故稱公母，日後誤記為江某。生長於全島低海拔闊葉林下層，垂直分佈 2100 公尺以下，適平地亦耐寒。喜生長於陰濕溪谷，全日照亦可。果為白耳畫眉、紅嘴黑鵯、白環鸚嘴鵯、白頭翁、白腹鶇、綠繡眼與繡眼畫眉喜食，花為綠繡眼之鳥餌植物。

▲秋冬開花，花兩性，圓錐狀纖形花序

▲花冠徑 0.5 公分，5 雄蕊與
5 花瓣互生，花淡黃綠色

▲ 1~3 月果熟由綠轉黑紫色，果球形，
徑 0.5 公分，外有極淺之縱溝

▲複葉具長柄，幼枝密被
黃褐色星狀毛

▼半落葉小喬木或大灌木 (臺中水崛頭公園)

葉痕明顯

▼葉背有黃褐色毛茸，革質，羽狀側脈 5~8 對，小葉長 10~18 公分、寬 5~8 公分，柄長 2~3 公分、具褐色毛

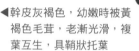

◀幹皮灰褐色，幼嫩時被黃褐色毛茸，老漸光滑，複葉互生，具鞘狀托葉

▶掌狀複葉，小葉 5~11 片，小葉長橢圓形，全緣波狀、缺刻或鋸齒

高山鴨腳木 *Schefflera taiwaniana*

別名：臺灣鵝掌柴、臺灣鴨腳木
臺灣原生種，分佈於臺灣中、高海拔，喜冷涼之陰濕處。小葉片倒長披針形，全緣或不明顯粗鋸齒，光滑無毛。

鞘狀托葉

類似植物比較　鵝掌藤、卵葉鵝掌藤、鴨腳木與高山鴨腳木

鴨腳木比較特殊的是嫩枝葉密被黃褐色毛茸，高山鴨腳木則適生於中高海拔。

	小葉數	葉形	葉端	葉緣	葉長 × 寬（公分）
鵝掌藤	7~9	長橢圓	銳	全緣	8~12×2~3
卵葉鵝掌藤	5~9	長卵	鈍	全緣	8~12×2.5~4
鴨腳木	5~11	長橢圓	銳	全緣波狀、缺刻或鋸齒	10~18×5~8
高山鴨腳木	7~9	倒長披針	漸尖	全緣	10~15×2.5~5

五加科

蓮草

· 學名
Tetrapanax papyrifer
· 別名
通脫木
· 臺灣原生種

臺灣分佈於 2000 公尺以下山區，耐中、北部平地氣溫，亦耐寒。葉片與花序都碩大無比，葉片愈大的植物，愈喜潮濕。為典型的先趨植物，喜好陽光，半陰亦宜。

冠羽畫眉、藪鳥、白耳畫眉、金翼白眉、青背山雀、虎鶇、白腹鶇、白眉鶇、鉛色水鶇、藍尾鴝、五色鳥與赤腹松鼠等喜食其果實，花可誘引紅紋鳳蝶及曙鳳蝶。莖髓心色白柔軟、緻密而薄脆。

▲常綠灌木或小喬木

▲毛茸滿佈，
一摸就脫落

▲嫩枝、葉背與葉柄均密佈黃褐色星狀毛

▶葉掌狀 5~7 中裂，裂端再分叉淺裂，葉徑 60~80 公分，中空葉柄長達 80 公分

葉面

▼花黃白色，花瓣及雄蕊均為 4，花瓣橢圓形，長約 0.2 公分

葉背

▲葉背色淺佈毛

▼秋天開花，纖形花序呈圓錐狀排列，碩大花序頂生，花軸具柔毛

▶冬末，綠果成熟轉黃、變黑色而脫落，球形果實具兩兩成雙的種子

· 原產地
中國

· 學名
Loropetalum chinensis var. *rubrum*

· 英名
Chinese fringe-bush

· 別名
紅彩木

紅繼木

紅色花瓣線形細長如彩帶，故名之。性喜溫暖至冷涼氣候，半日照或半陰地。

▼常綠灌木(新加坡)

▲紫黑葉、紅花品種

▼葉片 2 列狀，單葉互生，基部歪斜，緣淺細齒牙，枝葉被毛茸。卵形葉，長 2~5 公分、寬 1~2.5 公分，羽狀側脈 4~5 對

▼春季 12~ 翌 5 月開花，6~8 朵簇生腋出，線形細長之花瓣，濃桃紅至紅色，每花 4 花瓣，花瓣彎垂狀

▼配色植物

雀舌黃楊

· 學名
Buxus harlandii
· 原產地
中國

黑圈內為雌花

雄花

葉片細小，狀如雀舌，故名之。花朵會散發一股強烈氣味，引誘蜜蜂前來，全日或半日照均可。

▶ 單葉對生，葉倒闊披針形，端鈍、微凹，葉基漸狹，全緣、略反卷，葉革質，長 1~2 公分、寬 0.3~0.6 公分、短柄，羽狀側脈多對

▲ 雌花位於小花群中心，花冠徑 0.4 公分，四周被數朵雄花圍繞，花冠徑 0.2 公分，花黃白色

▼ 尖的是葉芽，圓的是花芽 (張集豪拍攝)

花芽　　　　葉芽

▶ 花期春或秋天，穗狀花序，雌雄同株異花，每一葉腋均成對著生

▼ 常綠小灌木

· 學名
Buxus sinica var. *parvifolia*
· 原產地
中國

小葉黃楊

　　植株低矮、枝葉細緻且茂密。花朵氣味會吸引蜜蜂。適半日照或半陰地，性喜溫暖潮濕，但亦耐寒。

◀枝條具四稜、光滑無毛，當年生枝條綠色，老枝淺灰褐色

▼ 葉革質，長 2.5 公分、寬 0.5~1 公分、柄長 0.1~0.2 公分，羽狀側脈多對

▲單葉對生，葉長橢圓形，端鈍、微凹，葉基漸狹，全緣

▶蒴果 3 子室，熟呈褐色，並自動開裂

葉芽

▼常綠小灌木

雌花

雄花

▲花朵類似雀舌黃楊

類似植物比較 臺灣黃楊 *B. microphylla* subsp. *sinica*

臺灣原生種，葉片較特殊的是枝梢葉片常呈 2 列狀，葉背中肋寬銀帶顯著

寬銀帶

葉芽

葉面

葉背

楊柳科

貓柳

·學名	·別名
Salix gracilistyla	細柱柳
·英名	·原產地
Cat tail willow	中國、日本

▶肥大的花蕾密覆滑柔細毛，如貓毛般，故名貓柳

英名 Cat tail willow 即貓尾之意。種名 *gracilistyla* 為細長花柱之意，亦名細柱柳。又名銀柳，臺語與銀兩同音，取其賺錢之意，表示富貴吉祥。農曆春節期間，枝條葉片脫落，僅剩密覆白色絨毛的花苞，是春節期間上等插花材料。性喜溫暖潮濕、充足日照。

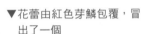

◀單葉互生，葉長橢圓形，羽狀側脈 10~15 對，葉背白粉綠，葉長 10~15 公分、寬 2~4 公分、柄長 1 公分

▼花期春天，花單性，葇荑花序綻放時形態酷似貓尾巴，故名貓柳

▼花蕾由紅色芽鱗包覆，冒出了一個

▼全葉被毛茸，觸摸柔軟如絲絨布，枝節處有半圓形之明顯大型托葉一對

托葉

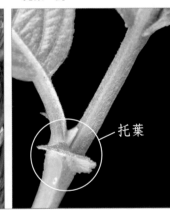

類似植物比較　垂柳、水柳與貓柳

平地常見的楊柳科植物，如何分辨：

	垂柳	水柳	貓柳
生長習性	半落葉中喬木	落葉小喬木	落葉灌木
枝條	下垂	不下垂	不下垂
葉片寬度	僅 1 公分，較窄細	約 3 公分	約 3 公分
葉片毛茸	不明顯	新葉明顯	毛茸較多
托葉	細長，較小	半圓形，明顯較大	半圓形，明顯較大

鐵莧屬 *Acalypha*

英名 Copperleaf 或 Fire dragon 都是形容其葉色為鮮紅、紅褐至紫褐色，是一群葉色美麗之配色灌木。單葉互生，羽狀側脈 6~8 對，掌狀脈 3 出，葉面平滑，紙質，具一對線形托葉。少見果實。

陽性植物，日照越充足、葉色越鮮豔亮麗，每日至少需 4 小時直射陽光，光線差時葉色暗沉。喜溫暖潤濕，耐高溫。

▲卵橢圓形葉，色鮮紅至紫褐色，葉緣粗鋸齒，葉長 10~20 公分、寬 8~13 公分、柄長 3~5 公分

◀花四季常開，雌雄同株

▼常綠灌木

威氏鐵莧 *A. wilkesiana*

別名：紅葉鐵莧

▶穗狀花序，長 10~15 公分。上方是雄花，下方的雌花已結果

鐵
莧
屬

撒金鐵莧

鑲邊鐵莧

鑲邊旋葉鐵莧

凹葉鐵莧

紅彩品系

多彩旋葉鐵莧

蘭嶼鐵莧 *A. caturus*

紅邊線葉鐵莧

紅邊鐵莧

葉線形或線披針形，全緣波狀
或淺缺刻，葉長 7~10 公分、寬
0.3~1 公分，葉色因品種而異，
黃綠或紅、紫褐色，葉緣鑲不
同色彩

暹羅鐵莧 *A. siamensis*

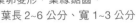

▼葉卵菱形，葉緣鋸齒，
　葉長 2~6 公分、寬 1~3 公分

花與果

▼株高 1~2 公尺
　（臺中的中科管理局）

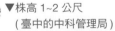

雌雄花

· 學名
Antidesma pentandrum var. barbatum
· 臺灣原生種

枯里珍

大戟科

　　性喜高溫、陽光充足，耐陰性略差。耐鹽、耐風，適合濱海環境。果實狀似成串小葡萄，隨不同成熟階段變色。

▲單葉互生，長橢圓形，長 5~8 公分、寬 2~4 公分，葉柄長約 1 公分，紙質，全緣波狀

▶老幹徑可達 15 公分，幹面有大薄片剝離

◀葉羽脈約 5

◀葉背之中肋與側脈突起，葉面凹凸不平

葉面　　　　　葉背

▶適合濱海地區綠美化 (墾丁)

▼常綠大灌木至小喬木
　(臺中敬德護理之家)

▼枝葉茂密、耐修剪 (墾丁)

枯里珍

▼雄花序長 3~9 公分，4 雄蕊，
花絲長 0.1 公分

雌雄異株，總狀花序，花約 0.1 公分，
綠白色

▶雌花序，子房卵球形，柱頭 3

▼核果，卵形，徑 0.5 公分，10~12 月果熟

▼果熟由黃綠轉紅、再轉紫黑色

▲果實最後變黑色

· 學名
Breynia nivosa cv. Roseo Picta
· 英名
Sweet pea bush

彩葉山漆莖

園藝栽培種，性喜高溫，全日照最佳，陰暗容易徒長、落葉或葉色轉綠。

◀單葉互生、二列狀，葉橢圓形，新葉粉紅、嫩紅色，漸轉乳斑，老葉綠色。葉兩面均平滑，全緣，紙質，羽狀側脈 5~8 對，有一對早落托葉，葉長 4 公分、寬 2~2.5 公分、柄長 0.5 公分

◀葉色多變化

▲花期夏、秋天，花單立，花冠徑 0.6 公分，5~8 單瓣，綠花泛紅

▼常綠灌木，嫩枝紅紫色

類似植物比較 雪花木 *B. nivosa*

植株稍矮小、葉片稍小，新葉雪白不帶紅彩。

▲花枝與葉背

▲花

▼植株

· 學名
Breynia officinalis
· 臺灣原生種

紅仔珠

花梗短小的雌花
花梗細長的雄花

分佈於山坡疏林、或路旁灌木叢，海邊亦有。枝葉乾後變黑色，故名黑面葉；別名七日暈，可能是吃了果實會暈 7 天。果實成熟時，艷紅小果直立，整齊排列於枝葉上方。

▲花期 3~10 月，花單性，同株異花，單立或 2~3 朵成簇腋生。雌花單立，花梗較短約 0.3 公分；雄花數朵簇生葉腋，花梗稍長約 0.5 公分

雌花

雄花

托葉

▲黃綠色小花，角錐漏斗狀

類似植物比較　寬萼山漆莖 *B. accrescens*

與紅仔珠的葉片類似，都是 2 列狀，果實的萼片為主要差異，寬萼山漆莖較寬大、半圓形

萼片

◀老幹面龜裂

▲果熟朱紅色，具賞果性

▼果期 5~12 月，果實卵球形，徑約 0.6 公分

▶宿存萼

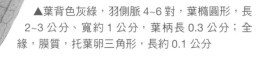

▲葉背色灰綠，羽側脈 4~6 對，葉橢圓形，長 2~3 公分、寬約 1 公分，葉柄長 0.3 公分；全緣，膜質，托葉卵三角形，長約 0.1 公分

托葉

▼常綠灌木

▼單葉互生，大小枝均 2 列狀

- 學名
  Bridelia tomentosa
- 別名
  土蜜樹
- 臺灣原生種

土密樹

　　臺灣平地至山麓常見，果實可作童玩 " 竹槍 " 的子彈，也是紅耳鵯等喜愛食物，目前各地所見植株多小鳥功勞。

▲枝條彎垂，單葉互生、2 列狀

▼新葉帶紅暈彩，佈毛茸，托葉明顯

托葉

▼常綠大灌木至小喬木
（臺中水崛頭公園）

▼葉橢圓形，長 3~6 公分、寬 2~4 公分，葉柄長 0.7 公分，薄革質，全緣，羽側脈 7~13

葉面　　　　　　葉背

▲葉面之羽脈與次脈間近乎垂直，葉脈細格網明顯　　▲葉背淡綠色、被細柔毛

▶花徑 0.3 公分；綠白色，腋生，單立或叢生

▼雄花 5 瓣、5 雄蕊

▼分枝低，常呈灌木狀，
（臺中水崛頭公園）

▶核果卵球形，徑 0.6 公分，成熟由綠轉黑色

變葉木屬 *Codiaeum*

原產地在馬來半島、澳洲與太平洋島嶼。
英名 Croton 或 Joseph's coat。品種繁多，葉形、葉
片大小與葉色均多樣化。單葉互生，全緣，有柄，羽狀
脈多對，葉色除綠色外，尚有紅、紫紅、桔、粉、象牙白、
褐與金黃色等。喜溫暖、濕潤，不耐霜害。光線適應廣，
直射光或半陰處均可。

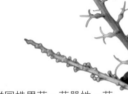

◀圓形蒴果 3 室，果徑 0.4
公分，熟暗紫紅色

雄花

▲小花 0.5~1 公分，雄
花 20~30 枚雄蕊

雌花

▶雌雄同株異花，花單性，花
小、色白，雌花單生、無瓣

雄花

◀花期夏至秋天，長 20 公分之雄蕊黃花序腋生

▼常綠或半落葉灌木 (小葉變葉木)

長葉變葉木

葉寬帶狀，長寬比多超過 5，長 20~30 公分、寬 3~5 公分

細（線）葉變葉木

葉線形，長寬比多大於 20，長 20~30 公分、寬 0.5~1.5 公分

闊葉變葉木
葉長橢圓形，長寬比多不超過 5，長 20~30 公分、寬 5~10 公分

戟葉變葉木

葉戟形，端淺 3 裂

螺旋葉變葉木

葉線螺旋狀，長 20~30 公分、寬 1~2 公分

母子葉變葉木

葉線形或螺旋葉，母葉與子葉以細長中肋連繫，葉長 10~20 公分、寬 1~1.5 公分

▶大戟花序，黃花，花期春天

霸王鞭

· 學名
Euphorbia royleana
· 原產地
印度、中國南部

▼中斑霸王鞭

▼銀霸王鞭

▶莖角稜叢生針刺，無葉或
極少數葉片著生於粗肥、
綠色的莖端，幼株具 3 稜
脊，老株則有 3~6 稜脊

類似植物比較 霸王鞭、火龍果 (三角柱仙人掌 *Hylocereus undatus*)

都是肉質莖，橫切面三角形；葉退化成針刺，著生於莖枝角稜上，差異如下：

	三角柱仙人掌、火龍果	霸王鞭
科別	仙人掌科	大戟科
習性	蔓性，莖枝長，直立性差	灌木
莖枝	長，分枝少，下垂狀，莖節間會長出攀緣根系	短，分枝多，直立
花	乳白色、碩大，長達 30 公分，單花，夜間綻放	黃色，極小，大戟花序，白天開花

▼三角柱仙人掌為仙人掌科，常用來嫁接其他仙人掌之砧木，火龍果為其改良種

類似植物比較 **霸王鞭、金剛纂** *E. neriifolia* **與彩雲閣** *E. trigona*

均為大戟科大戟屬、莖枝粗肥之多肉灌木。生育環境類同，全日或半日照均可，忌長期陰濕，耐熱，忌寒。

	彩雲閣	金剛纂	霸王鞭
莖橫面	三角形	四～五角形	幼株三角形，老株四～六角形
葉	長橢圓形，葉面彼此平行，葉長 2~4 公分、寬 1~1.5 公分	長橢圓形，叢生，葉長 5~12 公分、寬 2~3 公分	極少或退化成刺

金剛纂

枝葉粗肥

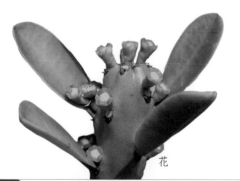

花

莖枝

彩雲閣

紅葉

紫錦木

- 學名
  Euphorbia cotinifolia
- 英名
  Mexican shrubby spurge
- 別名
  黑美人、非洲紅
- 原產地
  墨西哥

　　熱帶植物，需充足日照，陰暗處葉色不鮮艷。耐熱、不耐寒，突來之低溫寒流可能造成落葉。

雌花

2　　　　3　　　　1

果實

▲數字表示開花型態之順
　序，黃果熟轉褐紅色

▲單葉輪生，葉圓卵形，暗紫
　紅色，紙質，全緣，具托葉

▶葉羽狀側脈 8~10 對，葉
　長 5~7 公分、寬 4~5 公分

▼花期春至夏天，大戟花
　序，花冠徑 0.5 公分，黃
　色苞片

▼半落葉灌木，全株紫紅色

類似植物比較　小紅楓與紫錦木

葉片皆為闊卵形，全株紫紅色，黃花，相異點如下：

	小紅楓	紫錦木
科別	酢醬草科	大戟科
生長習性	常綠多年生草本植物	半落葉灌木
株高 (公分)	10~15	可達 300
葉序	3 出複葉、互生	單葉，3 葉輪生
葉長 × 寬 (公分)	1~2×0.5~1	5~7×4~5
花	花兩性、繖房花序，具花瓣，較大	花單性、大戟花序，無花瓣，較小
汁液	無	白乳汁
托葉	不具	有
日照	較耐陰	需光較多

小紅楓 *Oxalia hedysaroides* cv. Rubra

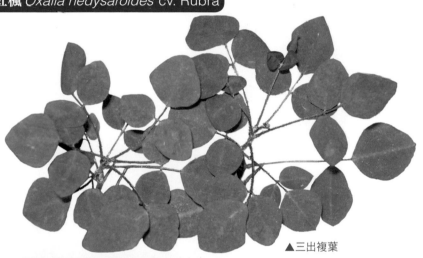

▲三出複葉

類似植物：紫葉酢醬草 *Oxalia triangularis*

▲ 3 出複葉，葉為三角形

綠珊瑚

· 學名
Euphorbia tirucalli

· 英名
Milk bush

· 原產地
非洲

　　英名亦稱 Pencil tree，形容其枝條如鉛筆般粗細。莖枝多肉質，只有一點小葉片。性喜高溫濕潤，全、半日照或稍蔭蔽處均可。耐鹽、抗風、耐旱，可供海濱造林定砂用。

▶大戟花序，枝梢開很小的花

▼葉易早落

▼常綠灌木，分枝多，主幹木質褐化

紅枝品種

▶莖枝紅橙色

▼乳汁豐富，綠色肉質莖枝，徑不足 1.2 公分

·別名	·學名	
青紫木	*Excoecaria bicolor* var. *Purpurascens*	
·原產地	·英名	
越南	Croton bicolor	

紅背桂

性喜溫暖濕潤、耐寒性稍差。喜陽光，半日照亦可，過於陰暗葉色暗淡。

◀單葉對生，羽狀側脈 8~12 對，具托葉，葉長 8~12 公分、寬 4~5 公分、柄長 0.3~0.8 公分

▼雌花無花瓣，花柱 3。花期夏天，黃白色花

雌花

果實

▼葉面濃綠色、背紫紅色，葉倒長卵形，葉緣細鋸齒，厚紙質

斑葉品種 'Variegata'

▼常綠、半落葉灌木

MARKET CAF

蘭嶼土沉香

· 學名
Excoecaria kawakamii
· 臺灣原生種

臺灣特有種，分佈蘭嶼與綠島。不畏強日照、亦稍耐蔭，喜溫暖多濕。耐風、耐鹽，適合濱海地區。

▲葉倒卵長橢圓形，全緣、葉背微反捲

▼老葉變紅

▲單葉互生，葉長 10~20 公分，寬 3~5 公分，葉柄長 1.5~2 公分，革質

果實

▶蒴果球形，徑約 1~1.5 公分，成熟後縱向 3 瓣裂

▼雌雄同株或異株，花單性或兩性，多枝直立之穗狀花序，群聚枝梢，花序長 8~12 公分，花期 3~5 月

雌花

▶常綠大灌木至小喬木

雄花

· 學名
FLueggea virosa
· 臺灣原生種

密花白飯樹

臺語名為狗牙仔，或是白頭殼仔樹，意指白頭翁的樹；因其果實為白頭翁、麻雀、白環鸚嘴鵯與紅嘴黑鵯之鳥餌植物。適全島低海拔地區，耐高溫，全日或半日照均可。

另一類似植物白飯樹 (*F. suffruticosa*) 其葉片較小，花朵與果實較少、且稀疏。

▶球形漿質果實，徑 0.4 公分，熟時白色，萼宿存，成熟於 9~11 月

▼雄花淡黃色，花徑 0.2 公分

雄花

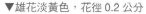

▶花期春至初夏，雌雄異株，雄花多數叢生葉腋，無花瓣，5 圓形萼片，5 雄蕊，花絲黃色

▼落葉灌木 (臺中水崛頭公園)

▶單葉互生、2 列狀，葉倒卵形，葉長約 2 公分、寬 1~1.5 公分、柄長 0.5 公分，紙質，羽狀側脈 4~5 對，全緣

凹葉柃木

· 學名
Eurya emarginata
· 英名
Shore eurya

· 別名
濱柃木、翠米茶
· 原產地
中國、韓國、日本及琉球

性喜高溫、不畏強陽，耐鹽、抗強風，適濱海地區。

▲葉面濃綠色、中肋凹下，葉柄短或近似無柄

▲單葉互生，卵形，亦有狹倒卵形，葉片2列狀，枝被黃褐色短粗毛，葉長約3公分、寬1公分，厚革質，葉緣波狀鈍鋸齒、略反捲

▼常綠灌木，株高多2公尺以下

▼腋芽發達

▼具多數分枝，小枝細長，枝條平出

·別名	·學名	
嘉寶果	*Myrciaria cauliflora*	樹葡萄
·原產地	·英名	
巴西	Jaboticaba	

果實狀似葡萄，於樹幹結實纍纍，故稱樹葡萄。性喜溫暖高溫與充足陽光。

◀果實幹生，圓球形、徑 2.5 公分，熟深紫黑色

▲果皮光滑、白色果肉透明、柔軟多汁

▶新葉淡紅色，革質，全緣，羽脈多對，幼嫩處疏佈毛茸

◀種子

▼多於春、秋季開花，小白花幹生　　▼幹面光滑，薄皮剝落後，留下雲形痕跡

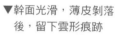

▼常綠灌木或小喬木

斑葉品種

草莓番石榴

· 學名
Psidium cattleianum
· 英名
Strawberry guava

· 別名
榕拔
· 原產地
巴西

　　喜溫暖、全陽，紅熟果可食，味似草莓，故名之；另名榕拔，因葉似榕樹，果似拔仔(番石榴)。

▶單葉對生，葉倒卵至橢圓形，長約 5 公分、寬 2~4 公分，葉柄短小，革質，全緣

◀單花腋生，花白色，徑約 2.5 公分；粗短花梗，長不及 1 公分；4 花瓣，雄蕊多數，花絲細長

▼果熟紅色、內白軟有汁

▼常綠小喬木或灌木

▲果實圓或倒卵形，漿果，徑約 3~4 公分

▼分枝多，全株光滑無毛

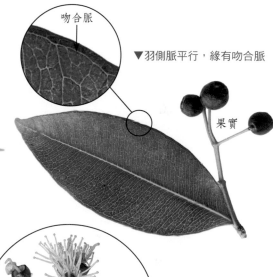

· 學名
Syzygium myrtifolium
· 原產地
馬來西亞

長紅木

性喜高溫多濕，喜充足陽光，半日照亦可，陰暗處新葉較不紅豔，觀葉效果較差。萌芽性佳，耐修剪。

▲單葉對生，長橢圓闊披針形，全緣，革質，葉長約 10 公分，枝條對生

吻合脈

▼羽側脈平行，緣有吻合脈

果實

▲新葉紅色與幼枝

▼常綠小喬木至灌木 (臺中歌劇院)

◀▼春季開花，聚繖花序腋生，花小形。白花，具許多花絲 (陳佳興拍攝)

冬青科

英國冬青

· 學名
Ilex aquifolium 'J.C. van Tol'
· 英名
Holly

· 別名
玉粒紅、富貴紅
· 園藝栽培品種

　　歐美寒冬之際，冬青類植物之豔紅果
實，常作為聖誕節的裝飾植物。果實吸引
鳥類食用，葉緣硬刺具阻隔效果。

▶單葉互生，橢圓形葉，革質，
　葉長約 4~10 公分、寬約 2~5 公分；
　葉全緣或有銳刺，葉色深綠、葉面光滑油亮，厚革質

◀纖形花序腋生，花白色、4 瓣，花徑約 0.5 公分，花期春、夏

▼常綠小喬木，株高多 2 公尺以下
　(二高湖口休息站)

◀紅色圓形核果，直徑約
　0.7 公分，秋、冬結果

▼枝葉茂密適合修剪整形 (東勢林場)

▼耐蔭，栽植於嘉義忠孝路綠帶樹蔭下，陰暗會影響
　開花結果，較難見到紅果

- · 學名
  Ilex asprella
- · 別名
  燈秤花
- · 臺灣原生種

燈稱花

分佈於海拔 1800 公尺以下，常見於次生林緣野徑旁。冬青科植物多為常綠，燈稱花為少數落葉者。

▲ 雌花單立或 2~4 朵群簇腋生，雌花梗較長

▼ 葉卵橢圓形，長約 5 公分、寬約 2 公分，葉柄長約 0.5 公分，紙質，細鋸齒、芒緣

▲ 花徑約 0.5 公分

▲ 4~10 月結果，橢圓形果，長 0.5 公分，徑 0.4 公分

▲ 枝條紫紅色，新葉面偶見散生細腺點

▲ 葉背淡綠色，5~8 對羽側脈及細網脈、色較深而突顯

▲ 雄花梗較短，雄蕊與花瓣數常一致，雄蕊著生於花瓣基部，花絲短

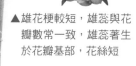

◀ 褐色光滑枝條似秤桿，密佈白色圓形皮孔似秤點 (秤花)，故名燈秤花

▼ 落葉灌木，春天常同時發新葉與開花

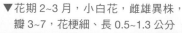

▲ 單葉互生，近 2 列狀

▼ 花期 2~3 月，小白花，雌雄異株，瓣 3~7，花梗細、長 0.5~1.3 公分

雨傘仔

·學名
Ardisia cornudentata
·臺灣原生種

臺灣特有種，分佈全島海拔 1500 公尺
以下，尤其近海岸地帶，蘭嶼、綠島均有。

▼果熟時，由綠轉鮮紅色

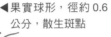

◀果實球形，徑約 0.6
公分，散生斑點

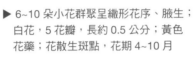

▶ 6~10 朵小花群聚呈繖形花序、腋生；
白花，5 花瓣，長約 0.5 公分；黃色
花藥；花散生斑點，花期 4~10 月

▼粗莖枝有縱裂紋

▲枝條散生
白色皮目

◀單葉互生，葉橢圓或長倒卵
形，長 7~14 公分，寬約 2.5 公
分，薄肉質，葉柄長不及 1 公分

▼常綠小灌木

◀葉透光明顯可見黑點，
葉緣鋸齒變化多，疏淺、齒
牙、凸起尖突、或鋸齒端具腺點

・別名	・學名
萬兩金，鐵雨	*Ardisia crenata*
・臺灣原生種	・英名
	Coral ardisia

硃砂根

原生育地為本省海拔 500~1800 公尺山區，耀眼之觀果植物，觀果期長。耐陰性強，光線過強葉片會黃化、甚至燒焦。喜高空氣濕度，稍耐低溫。

▲▶花期秋天，繖房或繖形花序頂生，花白、具淡紅暈彩，5裂，裂片卵長橢圓形，長約 0.6 公分，冠徑 1~1.5 公分，小花梗長 0.7~2 公分；萼 5 裂，裂片外側有腺點

▲單葉互生，葉長橢圓形，葉面暗綠、中肋凸起，側脈不甚明顯，葉緣增厚、齒牙狀波浪，薄肉質葉，長 7~14 公分、寬 3~4 公分、柄長 0.5~1 公分

▼常綠小灌木

◀果熟於冬天至翌春，核果球形，徑 0.7 公分，具宿存之反捲萼片

臺灣山桂花

· 學名
Maesa formosana
· 臺灣原生種

　　耐旱、耐濕、耐陰。小白花密集綻放，類似桂花，故名山桂花。喜林下環境，耐陰。

◀葉背色較淺，疏淺鋸齒緣，羽側脈 7~10，枝條有縱稜

▼枝表面皮目大而明顯

◀單葉互生，葉長橢圓形，長 7~13 公分、寬約 4 公分，葉柄長約 1 公分，紙質

▼常綠灌木
(臺中科博館)

▼略呈半蔓性

◀春季開花，小花數多，淡黃白色，長 0.2 公分，花柄長 0.1 公分

▶花雜性，雄花具退化子房，5 花冠、5 雄蕊；雌花具退化雄蕊，花柱長約 0.1 公分，柱頭 3 歧

▼圓錐或總狀花序、腋生，花序長 3~6 公分，綠花梗帶黑褐色

▶果實球形，徑 0.3~0.8 公分，具不明顯條紋及宿萼，熟果白色。每果含多粒黑色種子

▲果實初長成

楓港柿

· 學名
Diospyros vaccinioides
· 別名
黑檀、小果柿
· 臺灣原生種

　　僅存於恆春半島楓港溪之相思樹林內，故名之，枝幹深褐至黑褐色，又名黑檀。耐高濕高熱，耐寒性稍差。全日或半日照均適宜，但半陰處葉片較漂亮。

▲果期冬季，卵形漿果長約 1 公分，具宿存萼，除頂端外均平滑無毛，成熟時轉黑色

▶單葉互生，葉 2 列狀，革質，淺綠。葉卵橢圓形，全緣、幼嫩枝葉佈毛

▼新葉褐紅色，羽側脈不明顯，葉長 1~2 公分、寬 0.5~1.5 公分，短柄

▼花期春至夏季，雌雄異株，單花腋生，細小，近於無梗，淡黃色花，全株枝葉與花部均滿佈細柔毛

▼常綠灌木或小喬木 (中臺禪寺)

雄花

▼成美文化園區

▼枝葉茂密，葉片細緻，分枝多

·學名
Synsepalum dulcificum
·英名
Miracle fruit
·原產地
西非

神秘果

山欖科

原產地的土著發現吃其果實可使酸澀食物容易下嚥，並使酸棕櫚酒變得香醇可口。果實除蒂後，放入口中慢慢咀嚼，吐出種子後，再食用檸檬等酸水果，會轉化口感，故名神秘果。喜高溫潮溼，冬季最好全日照，夏季強陽半日照即可。

▲常開花，白色小花腋生，花徑約 0.6 公分

短枝

長枝

▲具長短枝，單葉叢生短枝端，長枝無葉片

◀新葉紅色美豔，漸轉淺綠，老葉墨綠色，葉全緣

▼常綠灌木

葉面　　葉背

◀葉倒披針形，葉長5~8 公分、寬 1~3 公分，羽側脈 10~15 對

▲橢圓形漿果，長約 2~3 公分，徑約 1 公分，熟鮮紅色

佛手柑

・學名
Citrus medica var. *sarcodactylus*
・英名
FIngered citron

▼5 白花瓣，多數雄蕊長短
不一、下部合生，
柱頭呈手指狀，約
15 裂，花具芳香

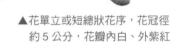

原種產於中國，果形特殊，狀如手指，故稱佛手柑。東方佛教國家如印度與越南等，常用鮮果供佛，寺廟喜栽種。性喜溫暖濕潤，適合亞熱帶之陽光充分處。

▲花單立或短總狀花序，花冠徑
約 5 公分，花瓣內白、外紫紅

▲單葉互生，橢圓形葉，全緣、淺疏鋸齒，葉面具透明油
點，革質，羽狀側脈 6~10 對，葉長 12~16 公分、寬 3~6
公分、柄長 1~1.5 公分、略帶紫紅色、無翼葉及關節

▶柑果色橙黃，果皮甚厚，幾乎沒有果肉與種子

▼果端呈手指狀分裂，指型千姿百態，
長 10~25 公分，香氣馥郁

▼常綠小喬木或灌木，枝上具硬短刺

· 學名
Citrus sinensis cv. Variegata
· 英名
Variegated orange

錦柑

常綠灌木，枝具棘刺，全株平滑無毛，無托葉。為觀果與賞葉植物，栽培同一般柑桔，需充足陽光，葉色才亮黃鮮麗。花單立、叢生或聚繖花序，冠徑 2~4 公分，4~5 單瓣，白花，花期春天，具芳香。

▶柑果黃色、有綠色斑紋

── 翅翼

◀綠葉及葉柄交雜著黃色斑紋，具明顯翅翼、長 2~4 公分，葉卵橢圓形，革質

▶葉全緣波狀，羽脈 8~10 對，葉長 8~15 公分、寬 4~5 公分

▼單身複葉互生

過山香

▶花期 3~5 月，聚繖狀圓錐花序頂生，長 30 公分、被毛，揉搓具濃烈香氣

· 學名
Clausena excavata
· 臺灣原生種

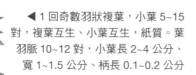

產於恆春半島，葉具濃厚香氣，採集後翻越另一山嶺，手仍殘留香味，故名之。恆春地區稱為番仔香草。其強烈荖葉 (蒟醬) 臭味，又名臭黃皮。

性喜高溫多濕，全日或半日照均可。葉為無尾鳳蝶、柑橘鳳蝶與玉帶鳳蝶之食草植物。

◀1 回奇數羽狀複葉，小葉 5~15 對，複葉互生、小葉互生，紙質。葉羽脈 10~12 對，小葉長 2~4 公分、寬 1~1.5 公分、柄長 0.1~0.2 公分

▲葉歪披針形，具透明油腺點，葉基歪斜，葉緣不明顯圓鈍鋸齒

▶果期 7~11 月，長橢圓形漿質核果，端具小突尖，熟時橘紅或淡紅色，長約 1.5 公分

▲花冠徑 0.5 公分，4 萼、4 花瓣，8 雄蕊，花絲基部膨大，花黃綠色，花梗短

▼落葉小喬木或大灌木

· 學名
Euodia ridleyi
· 原產地
東南亞

三爪金龍

喜溫暖、不畏強陽，全日照處之葉色艷黃亮麗、葉片較細長，光照不足其葉色轉綠、且葉片變寬。葉片搓揉有特殊氣味，乃芸香科植物的特色。

花

果

▲常見開花，花小，淡綠白色，群聚著生於葉腋，常被忽略

▶ 3 出複葉，對生，總柄細長，小葉柄短或無；小葉線披針形，不規則波狀緣

▼常綠灌木，陽光下亮麗吸睛 (南庄雲水度假森林)

▼枝葉茂密、細緻，金黃耀眼

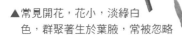

類似植物比較 三爪金龍與黃金五爪木

◀三爪金龍是芸香科，3 出複葉、葉金黃色，葉裂片扭曲、緣波浪狀

▶黃金五爪木為五加科，5 裂葉、葉黃色、老葉轉綠色，葉裂片直出

芸香科

胡椒木

· 學名
Zanthoxylum beecheyanum
· 英名
Chinese pepper
· 原產地
日本、琉球

　　葉片揉搓會散發類似山椒的氣味，故名之，葉片與果實可取代山椒。性喜溫暖至高溫，冬季忌長期低溫陰濕；日照需良好，不耐陰暗。

▲果實橢圓形，成熟紅色

▶葉背

▼雌雄異株，此為紅橙雌花

刺

腺點

狹翼

莖枝有疏刺

▼盛花期

▲一回奇數羽狀複葉，羽葉軸具狹翼，革質，小葉對生，倒卵形葉，長0.7~1公分、寬0.2~0.5公分、無柄，全葉密生腺體，葉基2枚短刺

▼臺中沙鹿公館公園

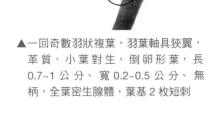

▼常綠灌木，枝葉細緻

◀葉 3 枚輪生，
枝紅褐色

· 學名
Cephalanthus naucleoides
· 英名
Buttonbush
· 臺灣原生種

風箱樹

分佈於臺灣北、東北部平地，海拔 500 公尺以下水域。昔日先民種植於土堤邊，其發達根系與枝葉，保護土堤免被水流破壞。也是昆蟲食草與蜜源。葉片類似芭樂，別名水芭樂。喜全日照、溫暖，適淺水泥底、或岸邊濕地。

▼單葉對生，葉長橢圓形，長 8~12
公分，寬約 4 公分，革質，全緣

▲幹淺褐

▲葉背色淺，葉脈凸顯，羽側脈
7~10 對、於葉緣吻合，次脈
彼此平行，與羽脈垂直

▼托葉闊卵形，端漸尖、腺體狀，
枝條與葉柄紅色、被毛茸，葉柄
長約 2 公分、有溝紋

托葉

▼落葉性挺水灌木，小枝具毛茸 (臺中都會公園)

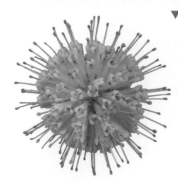

▼由多數小果組成的聚合果，每
　小果1粒種子，成熟時開裂

▲花期5~7月，小花徑約0.4公分，
　花冠高盆形，長約1公分，端4
　裂；花柱線形，長長地伸出花冠

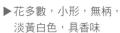

▲頭狀花序，單立、
　輪生或叢生，花序
　徑約3公分

▶花多數，小形，無柄，
　淡黃白色，具香味

▼花朵吸引椿象 (吳昭祥拍攝)　　▼花不同綻放程度 (吳昭祥拍攝)

- 學名
  Psychotria rubra
- 英名
  Wild coffee
- 臺灣原生種

九節木

葉背色淺

分佈全島低海拔山區林下，頗耐蔭，喜溫暖潮濕。因枝條具有許多 (九節木之九，意為多) 明顯的節，故名之。

▲枝節處具茜草科明顯的托葉，與葉十字對生

托葉

托葉

嫩枝墨綠色

枝條具明顯的節

▼常綠灌木，株高多 2 公尺以下 (臺中科博館)

▲單葉對生，薄革質，長橢圓形，全緣，長 12~19 公分，寬 4~7 公分，葉面深綠色

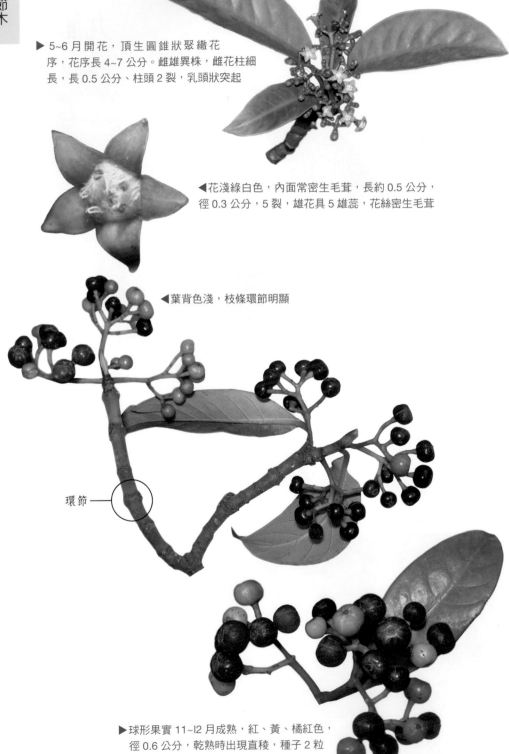

▶ 5~6 月開花，頂生圓錐狀聚繖花
序，花序長 4~7 公分。雌雄異株，雌花柱細
長，長 0.5 公分、柱頭 2 裂，乳頭狀突起

◀花淺綠白色，內面常密生毛茸，長約 0.5 公分，
徑 0.3 公分，5 裂，雄花具 5 雄蕊，花絲密生毛茸

◀葉背色淺，枝條環節明顯

環節

▶球形果實 11~12 月成熟，紅、黃、橘紅色，
徑 0.6 公分，乾熟時出現直稜，種子 2 粒

・學名
Randia spinosa
・英名
Spiny randia
・臺灣原生種

茜草科

對面花

分佈於全島中低海拔。莖節有刺，漿果球形，果面有縱溝紋，頂冠有宿存萼，狀似番石榴，故有山石榴、拔仔刺之別名。

◀葉長 4~6 公分、寬 3 公分以下，紙質，全緣，嫩枝葉除柄外、皆具毛茸

托葉

▼單葉對生，葉長橢圓形，羽側脈約 6，新葉面散生腺粒，托葉卵三角形

▼落葉灌木，耐修剪 (臺中科博館)

托葉

▼小喬木 (東海大學)

脈腋的凸粒

▲葉背淡綠色，脈腋有凸粒

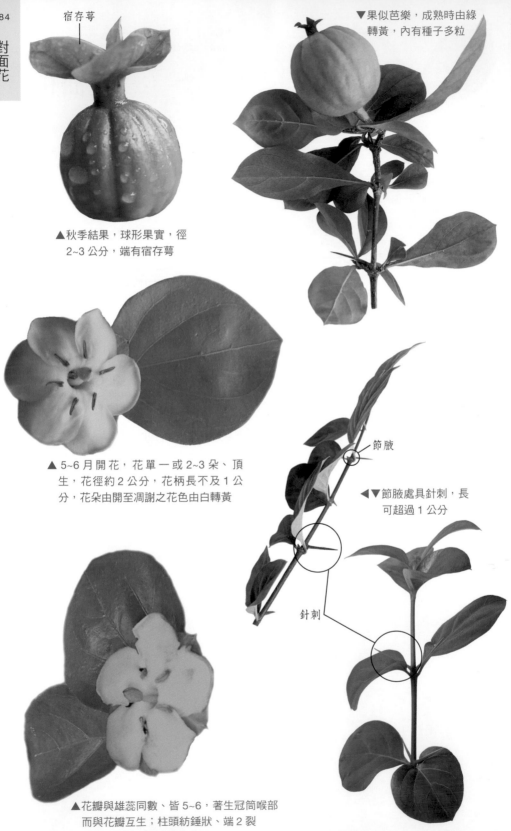

宿存萼

▼果似芭樂，成熟時由綠
轉黃，內有種子多粒

▲秋季結果，球形果實，徑
2~3 公分，端有宿存萼

▲ 5~6 月開花，花單一或 2~3 朵、頂
生，花徑約 2 公分，花柄長不及 1 公
分，花朵由開至凋謝之花色由白轉黃

節腋

◀▼節腋處具針刺，長
可超過 1 公分

針刺

▲花瓣與雄蕊同數、皆 5~6，著生冠筒喉部
而與花瓣互生；柱頭紡錘狀、端 2 裂

· 學名
Ehretia microphylla
· 別名
福建茶
· 臺灣原生種

小葉厚殼樹

　　性喜高溫多濕，適全島平地；全日照或半陰，光照不足時枝條瘦弱、葉片枯黃，也不會開花結果。果實可吸引鳥類取食，藉以傳播種子。

◀粗糙、被硬白剛毛，如貓舌般刮刺

◀單葉互生至叢生，葉倒卵形，全緣、僅葉端有3~5個粗淺鋸齒，葉脈僅中肋明顯，葉長2~3公分、寬0.5~1公分、柄長0.1~0.2公分

▲花期晚春~夏，花單立、聚繖花序或2~3朵叢生，冠徑0.5~1公分，5單瓣，白色

◀秋冬結果，核果球形，熟時轉黃、變紅

▼常綠小灌木，株高約1~2公尺

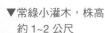

▼耐修剪

狹葉十大功勞

- 學名
Mahonia fortunei
- 英名
Chinese mahonia
- 原產地
中國

全陽、半陰及陰暗處皆可，較乾熱地區宜種在半陰處，冷涼地區則需全日照。性喜溫暖至冷涼，耐霜雪。葉片為粉蝶科蝴蝶的食草。

▲漿果球形，徑約 0.5~0.8 公分，熟時藍紫黑色，表面被白粉

▶ 1 回奇數羽狀複葉，大葉互生，小葉對生，無托葉，小葉長 8~10 公分、寬 1~2 公分。羽葉長 18~25 公分，小葉 5~9 片，葉柄基部鞘狀抱莖

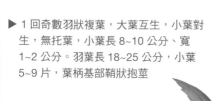

葉面　　　葉背

▲葉緣每邊有 5~15 個軟質、柔韌的刺齒，葉平滑，葉面濃綠色、背黃淺綠

▼常綠灌木，多分枝，枝葉茂密，生長方式頗規律，莖枝直立向上，株高約 1~2 公尺

▶新葉紅

▼花期春至晚夏，直出之總狀花序頂生，有數個分枝，單一花序長 5~7 公分

▼葉長橢圓披針形，硬革質，網狀脈，小葉無柄，葉軸具關節

▼黃色小花具短柄，多數密生

關節狀

類似植物比較 十大功勞 *M. japonica*

葉片較寬，葉緣鋸齒銳刺狀。臺灣原生種，分佈海拔 1000~2000 公尺。

芙蓉菊

· 學名
Crossostephium chinense
· 別名
蘄艾、海芙蓉
· 臺灣原生種

　　雖稱為蘄艾，卻非艾草。民間視為吉祥
驅邪避凶之民俗植物。性喜高溫、乾燥和
充足日照，稍耐微陰。

◀單葉互生至叢生，葉全面被
毛，肉質，葉脈僅中肋明顯，葉
長 3~4 公分、寬 0.7~1 公分，無柄

▶葉形富變化，倒披針
或匙形，全緣或 3~5
羽裂

▼花期秋冬至早春，頭狀花序密生絨毛、頂生，
花序徑 0.5 公分、全為黃色管狀花，中央為兩
性花，周圍一圈雌花

▼常綠亞灌木，株高多 1 公尺以下，全
株密被灰白色柔毛而呈銀灰白色

· 學名
Heliotropium foertherianum
· 臺灣原生種

白水木

▼墾丁

多生長於海邊之沙灘與礁岩地帶。不耐陰，性喜向陽高燥地，耐高熱，但耐寒性差。抗鹽與抗風力甚強，適海岸林第一線綠化及防風定砂樹種。

◀常綠灌木或小喬木，全株密被銀白色絹毛，小枝粗壯、具顯著葉痕，非衝風地帶漸長成喬木（大鵬灣）

▼近海岸，植株為抵擋強風而低矮化

▼樹皮灰褐色

▲果球形，熟時乾燥褐色

▲葉匙形，全緣，羽狀側脈 3~4 對，單葉叢
生枝端，肉質葉面被白毛，葉色銀灰綠，
葉長 10~18 公分、寬 4~6 公分、無柄

▲開花末期，嫩果形成

▲花序頂生、二叉蠍尾狀分歧，小花無梗密生，冠徑 0.4 公分，5 單瓣，花白色，圓筒形

· 學名
Chloranthus oldhami
· 別名
四葉蓮
· 臺灣原生種

臺灣及己

分佈全島海拔 1000 公尺以下，頗耐蔭。枝梢節間短，似有 4 片葉集生，如綠色大花瓣，因此有「四葉蓮」稱號。

▲單葉十字對生，
葉紙質，卵橢圓形，長
約 10 公分、寬約 7 公分，葉柄長不及 1
公分，鋸齒緣、齒端有一腺體，葉端圓、
有長突尖，葉基圓，羽側脈 5~7 對

▲花期 4~5 月，小白花，花序長
9~15 公分，花後結出紅果

▲穗狀花序頂生，有 2~3 分枝，分枝常對生

◀多年生亞灌木，
全株光滑無毛

苦檻藍

· 學名
Myoporum bontioides
· 別名
苦藍盤
· 臺灣原生種

　　適全日照、溫暖至高熱，生長於
海濱及河口潮線處，根系耐海水淹浸，
葉片上下表皮具有鹽腺，能分泌鹽分，為泌鹽植
物，耐海風與鹽鹼，適合濱海沙地，具防風固沙
功能。昆蟲、鳥類取食其果實。

▲單花、或 2~4 朵腋生，花冠 5 裂，花淺紫色、
　佈紫色斑點，花徑 2~3 公分，雄蕊 4~5

▲果實橢圓形，徑 1~1.5
　公分，有線形宿存花柱

▼果熟黑裂，質輕能隨海漂流

▲單葉互生，倒披針形葉、肉質，全緣，
　葉長 6~10 公分、寬約 2~3 公分

▼常綠灌木 (金門)

藤本

藤本

藤蔓類型

一、蔓性

無特殊攀緣器官，需另立支柱、棚架，並人為牽引固著，例如：九重葛、錫葉藤等。或自然懸垂，營造綠色瀑布效果。例如：光耀藤、錦屏藤、雲南黃馨、蟛蜞菊、蘇氏歐蔓等。

二、纏繞類

莖左旋或右旋、纏繞它物攀爬。例如：馬兜鈴、歐蔓、紫藤、忍冬、大鄧伯、三星果藤、蝶豆等。

三、卷鬚類

● 枝端變態成卷曲狀。例如：西番蓮。

● 由葉、托葉或葉柄等變態成卷曲狀。例如：紫鈴藤、炮仗花、連理藤、貓爪藤、菊花木、葡萄等。

纏繞類

莖卷鬚　　　　　　　　　　　　　　　葉卷鬚

四、貼牆性

靠氣生根吸貼牆壁，岩壁、石柱或樹幹表面。例如：愛玉子、薜荔、爬牆虎、絡石、常春藤、毬蘭、凌霄花、合果芋、黃金葛、拎樹藤等。

貼牆性

五、匍匐性

莖匍匐地面，例如：蟛蜞菊、蔓性野牡丹、馬鞍藤、絡石、金錢薄荷、鈴木草、赤道櫻草、毛蛤蟆草、蔓性馬櫻丹、蔓花生、蠅翼草等。

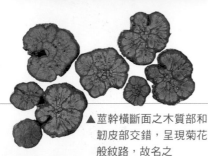

▲莖幹橫斷面之木質部和
韌皮部交錯，呈現菊花
般紋路，故名之

·學名
Bauhinia championii
·臺灣原生種

菊花木

　　分佈全島中低海拔向陽處，老
莖木材深褐色，細緻之菊花紋常被
加工作杯墊，或其他小裝飾器具。

▶長莢果扁平，長約 7~10 公分

▶葉端 2 裂，裂凹間常具一芒刺，裂端銳尖

◀小枝密被棕色短柔毛，
枝端發出數個先端分叉
鬚卷鬚，葉片對生，新
葉紅褐色

▼常綠木質大藤本，枝長可達數十公尺

▲單葉互生，葉革質，基部 5~7 脈，葉長
5~9 公分、寬 4~6 公分，柄長 2~5 公分

▼夏秋開花，總狀花序頂生。花黃白色，
5 萼、瓣、10 雄蕊

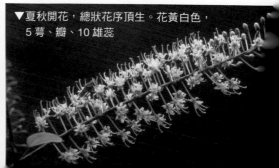

五加科

常春藤

· 學名
Hedera spp.
· 英名
Ivy

▶藉枝條節處發出的氣
生根，吸貼表面蔓延

因為長青，故名之。酷熱之強烈陽光直射，葉色易泛黃，全綠葉色品種較耐陰。耐寒，喜好冷涼。

▼綠化牆面

▼沿階梯邊緣蔓生，自然而有趣

▼房屋牆面蔓生，綠化生硬灰色的硬體

▼常綠蔓藤，枝條懸垂，如綠色瀑布

▼耐陰地被 (臺大梅峰農場)

▼植槽

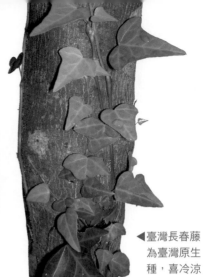

◀臺灣長春藤
為臺灣原生
種，喜冷涼

各品種

鵝鑾鼻蔓榕

· 學名
Ficus pedunculosa var. *mearnsii*
· 臺灣原生種

特產於臺灣東部，蘭嶼、綠島，及恆春半島之濱海珊瑚礁。

▲常綠匍匐性蔓灌，單葉互生，托葉早落，枝條上具環狀托葉痕

◀葉背淺綠，綠色細格網脈明顯

葉背

葉面

▲葉倒卵形，長 4~10 公分、寬 3~6 公分，全緣，厚革質，葉端圓鈍，葉基 V 脈，可長達葉片 2/3

▼隱花果腋生，倒卵形，果熟開裂、露出種子

▼旗津海濱

▼果熟色紅

托葉易早落

環痕

苞片狀托葉

· 學名
  Ficus pumila
· 臺灣原生種

薜荔

▲幼嫩枝條被毛，枝
梢具苞片狀托葉，
莖節環痕明顯

環痕

全日、半日照或蔽蔭處均宜，耐陰
性強，耐熱。

▼新葉紅色 (水堀頭公園)

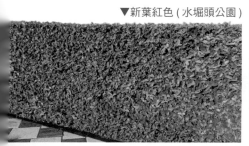

▲常綠貼牆性攀緣藤本 (臺中都會公園)

▼生長多年莖幹
粗壯，褐色幹
面龜裂

◀格框太大，須加
細網才能攀爬拓
殖 (歌劇院)

▼於石頭表面貼生

▼樹影映在綠牆 (臺中水崛頭公園)

▼春季開花，隱頭花序單立腋生，雌雄異花，隱花果倒
圓錐球形，徑 4~6 公分，長 5~7 公分，熟時暗紫色

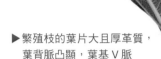

▶繁殖枝的葉片大且厚革質，
葉背脈凸顯，葉基 V 脈

▼單葉互生，葉橢圓形，基鈍歪，
新嫩葉紅豔

▼營養枝小葉貼牆，圈內內為繁殖枝，挺出向外伸展，
葉片較大，長 5~10 公分、寬 2~3.5 公分，質地較厚

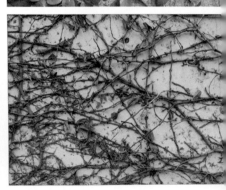

▼枝條有 2 種，營養枝會長出不定根，吸貼牆面，葉片較小，
長 1~3 公分、寬 1 公分

▲牆面難清乾淨
▼植物體太重，會垮下來，須修剪

- 學名
  Ficus pumila var. *awkeotsong*
- 英名
  Jelly fig
- 臺灣原生種

愛玉子

為薜荔變種，葉片與果實較大，果形較橢圓，栽培環境類同。

◀葉背灰綠色密生毛茸，革質，羽狀側脈 5~6 對

▲隱頭花序腋生，綠色帶褐青。8~11 月果熟，隱花果橢圓形，黃綠色散生白色斑點，長約 7~8 公分，徑 4~5 公分

▼將果實內壁的瘦果刮下　▼愛玉冷飲乃以其瘦果製造而成

▲新葉紅色，葉長 6~10 公分、寬 4~5 公分、被毛葉柄長 1.5~2 公分

▼常綠藤本，枝條長可達 10 公尺，具乳汁

▼貼生樹幹

▼貼生水泥柱

桑科

山豬枷

·學名
Ficus tinctoria
·臺灣原生種

分佈於南部高雄、恆春半島及東部、蘭嶼及綠島等。

▶果徑約 1 公分，外被剛毛

◀隱頭花序多數腋生，隱花果具短梗，球形，橘紅色

▼葉基均鈍歪，全緣，近緣有吻合脈

吻合脈

葉面

葉背

▲葉背淡綠色，羽側脈 5~8 對

▼全株被剛毛而粗糙，托葉卵披針形，長 1.5 公分，早落

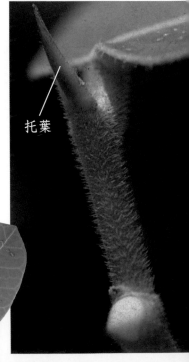

托葉

▶單葉互生，長橢圓形，長 6~12 公分、寬 3~7 公分、葉柄長 1 公分內

托葉

▼攀附於濱海之石灰岩及珊瑚礁岩上

▼常綠蔓灌

・學名
Ficus vaccinioides
・臺灣原生種

桑科

越橘葉蔓榕

臺灣主要分佈於花蓮及臺東、蘭嶼。全日、半日照或陰暗處均可，抗風、耐鹽。

▼花博外埔園區

▼高美濕地

▼臺中龍井綠色瀑布

越橘葉蔓榕

▲多年生常綠蔓性藤本

▲單葉互生，葉倒卵橢圓形，長 1.5~3
公分、寬 0.5~1 公分、柄長 0.2 公
分，葉兩面均疏被毛茸，紙質

托葉

▼臺中七期人行道植穴地被

▼綠瀑蔓藤

▼隱頭花序表面被毛茸，單一或成對腋生，初為圓柱形、淺橄欖綠色，漸轉
為暗紅色之壺形。隱花果徑約 0.6~1 公分，無梗，略呈球形，端突出，表
面光滑或略被細毛，果熟由紅轉黑紫色

▼攀附上樹幹

馬兜鈴屬 *Aristolochia*

　　臺灣的馬兜鈴屬植物約 5 種，包括異葉、大葉以及港口馬兜鈴，是臺灣許多美麗鳳蝶的食草。因棲地開發破壞，族群大量減少，讓臺灣稀珍的黃裳鳳蝶曾陷入滅絕困境。

　　多年生纏繞性蔓藤，莖枝細長綠色、常被毛。單葉互生，全緣或掌裂，葉基心形或耳形。花冠彎曲呈胃囊或煙斗般，適合某些可吸到花蜜的昆蟲為它傳粉。蒴果具 6 縱稜，熟由綠轉黃褐色。喜充足陽光。

異葉馬兜鈴 *A. heterophylla*

僅分佈於中、北部低海拔山區的森林邊緣，葉形變化大，長 6~15 公分、寬 2~3 公分，柄長 2.5~7.5 公分，葉基心形或耳形，全緣、3 裂。

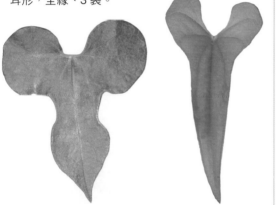

吉伯特馬兜鈴 *A. gilbertii*

▲吳昭祥拍攝

港口馬兜鈴 *A. zollingeriana*

僅分佈於恆春半島與蘭嶼，因具藥效而被盜採，野外已瀕臨滅絕，為臺灣麝香鳳蝶、黃裳鳳蝶、珠光鳳蝶、曙鳳蝶與大紅紋鳳蝶的食草。

▼莖枝深裂

▲葉闊卵心形，全緣或 3 裂，掌狀脈 5~7 出，上表面光滑，下表面被毛

▲花管直或微彎

大葉馬兜鈴 *A. kaempferi*

▶果卵球形，長 4~7 公分，徑 1.5~4 公分

◀花期 2~5 月，單花腋生，花端開口
喇叭狀深紫褐色，外側淡黃色，內
側黃色，徑 2 公分、長 3~3.5 公分

◀葉闊卵心形，全緣或淺
3 裂，紙質，掌狀 3~5 出脈

▼為曙鳳蝶、麝香鳳蝶與大紅紋鳳蝶之食草

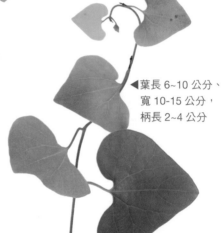

◀葉長 6~10 公分、
寬 10-15 公分，
柄長 2~4 公分

煙斗花藤 *A. elegans*

棉布花 *A. galeata*

巨花馬兜鈴 *A. gigantea*

| ・原產地 中國 | ・學名 *Actinidia chinensis* ・英名 Kiwi fruit ・別名 獼猴桃 | 奇異果 |

臺灣有野生種，耐寒，冬季低溫可促進萌芽，生長早期及後期需防霜害。

▲枝條纏繞性

▲漿果橢圓形，外被褐色長毛茸，長 6~8 公分，8~10 月成熟

◀葉基心形，柄長 4~7 公分、紅褐色，毛茸密佈。葉端突尖，紙質，羽狀側脈 5~6 對，葉長 6~15 公分、寬 4~10 公分

臺灣獼猴桃 *A. callosa*

▼單葉互生，葉闊卵心形，被灰棕色星狀毛，掌狀脈 3~5 出

▼花期夏天，雜性或雌雄異株，小花叢生或聚繖花序腋生；萼、瓣各 5，黃色雄蕊多數，花冠徑 1.2 公分，乳黃白色，萼片及花柄被淡褐色毛茸

▼老幹褐色、深縱龜裂

▼落葉蔓藤

▼攀緣性強 (梅嶺)

▲枝條節處發生的氣生根細長，直落向下，新生氣根呈紅色，之後轉為黃綠、灰褐色，顏色多變化

▶氣生根表面光滑，略散佈突起之皮孔，可長達 10 公尺

· 原產地
熱帶美洲

· 學名
Cissus sicyoides 'Ovata'
· 別名
珠簾藤

錦屏藤

　　大門入口、窗戶、綠牆或棚架，導引其枝葉於上方盤踞，氣生根受地心引力，會仿如門簾般自然垂下。日照須充足，性喜高溫多濕。

▲夏至秋季開花，小花淡綠白色

▼單葉互生，葉緣細鋸齒，心形葉基具掌狀5~7 出脈，葉長約 10 公分，具長柄

▲常綠蔓藤，氣生根如珠簾般垂落

葡萄科

爬牆虎

· 學名
Parthenocissus heterophylla
· 英名
Boston ivy

別名地錦，原產地為日本九州南部及琉球。性喜高溫多濕，適全日或半日照。

▲捲鬚先端形成圓形吸盤，吸著力強，可貼附石壁、水泥磚牆、樹幹蔓生

◀落葉性，春天自枯枝陸續發新葉

▼高速公路隔音牆 (爬牆虎 + 薜荔)

▲爬牆虎與薜荔具互補性，好搭檔

▼貼牆性蔓藤，新葉紅

▼爬壁綠化高手

◀單葉互生，葉形多變化，闊卵、心形、掌狀裂葉，或掌狀 3 出複葉，新葉紅色。葉紙質

3 裂

2 裂

心形

▲成葉為 3 出複葉，葉緣疏粗鋸齒

▼貼生老樹幹

▼老葉、新葉，不同葉型、葉色並存

▼春夏開花，聚繖花序腋出，淡黃色，花冠徑 0.3 公分，5 花瓣，花柱粗短

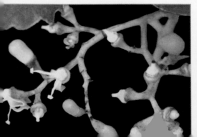

▼漿果球形，徑 0.6 公分，藍綠色

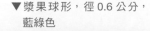

▼爬牆虎，蔓爬於格網 (臺中忠孝國小)

葡萄

· 學名
Vitis vinifera
· 英名
Grape
· 原產地
亞洲西部

世界性水果，多分佈於溫帶至亞熱帶地區。

▲漿果球形，徑約 1~3 公分，熟時青綠
或褐紫色，被白粉，內藏種子 2~3 粒

◀單葉互生，葉心形或掌狀 5 裂葉，有分枝狀捲鬚
與葉片對生。葉緣鋸齒狀，紙質，羽狀側脈 5~8
對，掌狀脈 5 出，葉幅 7~15 公分，柄長 8~15 公分

▼落葉藤本

▼臺北二二八公園

· 學名
Vernonia elliptica
· 英名
Ironweed
· 原產地
馬來西亞、新加坡

光耀藤

適合蔭棚或高地懸垂綠化，性喜高溫、陽光。

▲單葉互生至叢生，葉倒披針長橢圓形，全緣，厚紙質，羽狀側脈 6 對，葉長 4~7 公分、寬 1~2 公分、柄長 0.4 公分

葉背

葉面

▼常綠蔓性藤本，枝條懸垂如綠簾

▲葉兩面均灰綠色、被銀白毛茸

▶熟果如降落傘，吹即飄散各處

▶夏秋開花，腋生，花灰白帶淡紅色。頭狀花序，花序徑 1~1.5 公分

參

被子植物

一單子葉

- 學名
  Musa coccinea
- 英名
  Scarlet banana
- 原產地
  中國、越南

紅蕉

▼花期夏至秋季，苞片色紅艷麗，苞片宿存久，花期長，四季均可觀賞

▲株高 2 公尺，葉片似香蕉，長約 2 公尺，寬約 70 公分；葉柄長約 40 公分，具張開窄翼

▼佛焰花序直立，苞片表面紅橙色，苞端黃

紫夢幻蕉

·學名	·別名
Musa ornata	蓮花蕉
·英名	·原產地
Ornamental banana	印度、緬甸

喜避風、濕潤與全日照，日照不足
會影響開花。每株只開一次花，花後本
株死亡；因具肉質根莖，會自
地面萌蘖、長大成新株。因
為花序末端層層包被的苞
片形似蓮花，故有蓮花
蕉之稱。

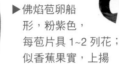
花

▶單葉，螺旋狀排列，
　長橢圓形葉

▶佛焰苞卵船
　形，粉紫色，
　每苞片具 1~2 列花；
　似香蕉果實，上揚

果實

▶吳昭祥拍攝

▼剝皮的果肉似香蕉，滿是
　黑硬種子 (吳昭祥拍攝)

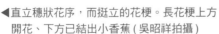

◀直立穗狀花序，而挺立的花梗。長花梗上方
　開花、下方已結出小香蕉 (吳昭祥拍攝)

▼多年生草本，株高約 2 公尺。株型似香
　蕉，卻較高挑優雅

芭蕉科

· 原產地
亞洲東南

· 學名
Musa paradisiaca
· 英名
Banana

香蕉

▲佛焰花序之大型苞片呈紫紅
　色，花冠徑 0.5~1 公分，
　花瓣長 15~30 公分

喜好全陽之直射光照，以及高溫多
濕。不耐風，不要種在強風處。

▶花序頂生斜垂向下，花軸長 50~120 公分

▲肉質漿果，乃無性花
　未經授粉結出之無籽
　果實

▼單葉叢生，葉長扇形，
　葉長約 2 公尺、寬 60
　公分、葉柄長 1 公尺

▲多年生直立大型草本，真正的莖極
　短，呈塊狀而埋入土中。由地下根莖
　發出的吸芽長大形成的軟質假莖，乃
　由層層葉鞘緊密螺旋狀排列包覆而成

暹羅紅寶石蕉

·學名	·原產地
Musa 'Siam Ruby'	巴布亞新幾內亞

原種生長於赤道之熱帶雨林區，炎熱且降雨量大。由 Musa 'Tapo' 的芽條變異產生的賞葉植物。泰國稀有奇特品種，有著碩大的紅寶石色葉片，故名之。紅葉上點綴著明亮的檸檬綠，每一片葉色不同，各有獨特的色彩圖案。

喜高溫潮溼、全日照，強陽處可略遮蔭，忌霜害與強風。嫩葉綠色，隨著長大、陽光照射，光線愈充足、葉色愈紅艷，莖稈褐紅色彩。適熱帶、水域邊的高濕環境種植，可營造熱帶風情。

草質莖稈由群葉重疊包覆而成，稱為假莖，開花結果後死亡，以地際發出的萌蘗，持續存活。另具地下莖。

▲多年生大型草本，株高 2.5 公尺

◀葉片大長扇形，螺旋狀排列

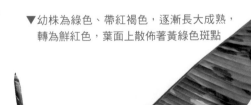

▼幼株為綠色、帶紅褐色，逐漸長大成熟，轉為鮮紅色，葉面上散佈著黃綠色斑點

· 學名
Musella lasiocarpa
· 別名
中國矮香蕉

帝湧金蓮

原產於中國雲南山區，海拔 2500 公尺以下。假莖頂稍之黃花如蓮花，故名之。由中國傳到泰國、寮國等，在當地佛寺廣為種植，奇特的造型也成為雕刻與建築的設計元素。尤其信仰佛教的傣族將其列為寺院必種之一，尊稱為千瓣蓮花。開花後，黃色苞片不停生長，新生與枯萎輪迴不停，觀賞期可長達半年以上。適全日照至部分遮蔭，不耐寒。

▶頂生圓錐花序，直立，長 20~30 公分，由一群黃色的管狀花組成，最顯眼的是大型寬闊、硬質、蠟狀的黃色苞片

◀盛夏開花、長達 6 個月

▶多年生草本，株高 1~1.5 公尺，革質、寬披針形葉片，長 60 公分

▶總苞紅橙色、綠緣，
苞片中之聚繖花序，藏
著真正小花，黃白帶綠色

赫蕉屬 *Heliconia*

多原產於中美洲與南美，多年生草，具短縮莖以及地下根莖，
葉鞘抱莖螺旋著生成假莖，株高 1~6 公尺，依品種而異。單葉自
地際簇生，葉長橢圓形，全緣，平滑，革質。

佛焰花序，佛焰苞由花軸基部往另一端陸續綻放，內藏黃綠色
小花，大型彩色苞片持久不凋。熱帶植物喜高溫多溼，不耐霜害。

艷紅赫蕉 *H. humilis*

▶花期夏至秋季，
花序挺立向上，
葉長 100~150 公
分、寬 30 公分、
柄長 50~80 公分

▲鮮艷亮麗的大型花序，苞片
形似龍蝦的大鉗螯，故英名
為 Lobster claws

▶暗紅品種

金鳥赫蕉 *H. rostrata*　別名火紅赫蕉或倒垂赫蕉，英名 Hanging lobster claws

▼株高 1.5~2.5 公尺，葉長 60~120 公分、寬 15~30 公分

▶春至夏季開花，
花序下垂狀，苞
片長 5~8 公分、寬 2~5 公
分。每花序有 10 多朵
花，於紅色花序軸呈 2 列
狀；苞片紅色，黃緣帶綠
色，仿如一隻隻彩色小鳥

紅鳥蕉 *H. psittacorum*

花朵較細緻，花色紅、橙、黃、還帶綠色，五彩繽紛。

▼花博后里園區

▶花後結出黃色果實，佛焰苞依舊豔麗

黃麗鳥蕉 *H. subulata*

▼果色黃、橙、紅色

▶黃色花序朝上挺立，花四季常開、冬季較少

▼株高 1~2 公尺，葉長 30~45 公分、寬 5~10 公分

旅人蕉

- 學名
  Ravenala madagascariensis
- 英名
  Travelers' tree
- 原產地
  馬達加斯加

熱帶沙漠植物，為原產地重要指標樹，葉片分佈方向可指示南北。性喜高溫多濕，不耐寒，全日或半日照均可，卻不耐陰暗。

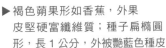

▶ 褐色蒴果形如香蕉，外果皮堅硬富纖維質；種子扁橢圓形，長1公分，外被艷藍色種皮

▲ 葉柄排列在同一平面，如扇骨架

▼ 常綠喬木，直立莖稈叢生、無分枝，稈高9~18公尺、徑20~30公分。葉肉革質，長2~3公尺、寬0.5公尺、柄長2~4公尺

▶ 葉形似芭蕉於稈梢排成兩列，如孔雀開屏般 (吳昭祥拍攝)

▼ 莖稈圓柱狀，表面粗糙灰褐色，環形葉痕明顯

▶ 花期4~9月，穗狀花序腋生，總梗基部具船形綠色總苞，端銳尖，總苞2列狀，小花著生其內；3萼片突出甚長，3乳白色花瓣，5完全雄蕊

◀ 雨水流入葉柄基部之圓筒狀葉鞘，並貯存之，當行旅缺水，可戳破飲用以解乾渴，故名之

- 學名
Strelitzia nicolai
- 英名
White bird-of-paradise

白花天堂鳥

別名白花天堂鳥蕉、
白鳥蕉，原產地在南非，
栽培環境同旅人蕉。

▲花序自葉鞘基部發出，苞片
黑紫色，花萼白色，花瓣舌
狀藍紫色，似大型天堂鳥，
花高 15 公分、幅 45 公分

◀多年生常綠草本，小喬
木狀，株高 6~8 公尺。具
直立單程、不分枝。葉長 1~1.5
公尺，色灰綠。葉叢生於莖稈頂
端，排列整齊如扇，長葉柄具翅與溝

▶果實為 3 稜木質蒴果，
開裂露出黑褐種子，
徑約 0.4 公分，有
橘黃色毛 (吳昭
祥拍攝)

類似植物比較　天堂鳥、白花天堂鳥與旅人蕉

	株高（公尺）	莖稈	葉長（公尺）	花色
旅人蕉	9~18	明顯	2~3	白
白花天堂鳥	6~8	明顯	1~1.5	白、紫
天堂鳥	1~1.5	短縮	0.3~0.6	桔紅、藍紫

天堂鳥

· 學名
Strelitzia reginae
· 英名
Bird-of-paradise

· 別名
天堂鳥蕉
· 原產地
南非

　　花型狀似多采多姿之鳥頭。英名意即只有
天堂才有如此豔麗似鳥的花朵；另一英名為
Crane flower，Crane 乃鶴，意指其花形
似鶴。

　　喜溫暖、不耐寒。全日照處開花
多、花期長。陰暗處花數減少，略陰
處較理想。

◀葉長橢圓形，全緣，
薄肉革質，葉面平滑綠色、
背灰白綠，中肋泛紅紫，葉長
30~60 公分、寬 10~15 公分

▶多年生常綠、根出葉型植株，
　株高與冠幅約 1~1.5 公尺，葉
　片從地際之短縮莖發出

◀花四季常開，晚春至夏較繁盛。佛焰花序，每枝花梗開出 1~3 朵
花，每朵花有 3 片桔黃色花萼，3 片藍紫色花瓣，花梗長 1.5 公尺

・學名
Alpinia purpurata
・英名
Red ginger

紅花月桃

別名紅薑花，原產地是印度、摩奴加群島。較月桃不耐低溫。

▲多年生草，具地下根莖，單葉自根際簇生

▲葉長橢圓形，全緣波狀，葉長 30~40 公分、寬 10-15 公分

真正的小花為白色

紅色苞片

▼穗狀花序，花序徑 12 公分

▶花期夏～秋季，熱帶地區如屏東，花四季常開

類似植物比較　月桃、紅花月桃與薑花

不開花時如何分辨：

	株高（公尺）	葉長 × 寬（公分）	葉片特殊處	其他
月桃	1.5~3	60~70×10~15	毛緣	植株較高、葉片較大
紅花月桃	1~1.5	30~40×10~15	葉片較小	較適合南部高熱氣候
薑花	1~2	20~60×5~10	葉較狹長，2 列狀，背被粗毛茸	較耐陰，喜濕地、適水岸

月桃

· 學名
Aplinia zerumbet
· 臺灣原生種

全省低海拔山野常見。英名 Shell flower 與 Pink porcelain lily 乃形容其彎垂狀之圓錐花序。夏秋時期，一串串白花橙果令人驚豔，民間多稱它「豔山紅」。葉為黑挵蝶之食草。喜溫暖潮濕，不耐霜害。全日、半日照與陰暗處均可生長。

▼葉柄短，葉鞘甚長

▼單葉互生，葉廣披針形，全緣或毛緣。厚紙質，中肋被毛，葉長 60~70 公分、寬 10~15 公分

▼多年生大型常綠草本植物，具短縮莖

▲熟果橙紅，果徑
1~1.5 公分

◀花期夏 ~ 秋季，圓錐花序彎垂狀，長達
30 公分。花冠徑 3 公分。白花，其中的大
形唇瓣黃、紅色；雄蕊 3 枚，其中 2 枚
花瓣狀，僅 1 枚可孕

班葉月桃

類似植物

山月桃 *A. intermedia*

▲果實具稜，球形，熟時
自動裂開，黑色種子，
具灰白膜質假種皮

薑科

薑荷花

· 學名	· 原產地
Curcuma alismatifolia	泰國
· 英名	
Siam tulip	

英名 Pink tulip ginger 乃因花朵酷似鬱金香，開花時其粉紅色苞片酷似荷花，屬於薑科，故名薑荷花。屬名 *Curcuma* 乃由阿拉伯語的 Kurkum（黃金）一語而來，稱為鬱金，為中國古代常見的藥草。來自熱帶，喜高溫潮溼。日照需充足，略遮陰處較佳。

▲花序上端有 9~12 片大型粉紅色之闊卵形苞片，狀似荷花，苞片尖端帶綠色斑塊

▶花期 6~10 月，穗狀花序腋出，下部有 7~9 片半圓形之小型綠色苞片，真正小花著生其內，每苞片著生 4 朵白色唇形小花，唇瓣紫色（吳昭祥拍攝）

小花

▶葉長橢圓形，綠色、中肋常泛紫紅色，葉長 30~40 公分、寬約 5 公分，全緣，平滑無毛

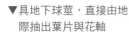

▼具地下球莖，直接由地際抽出葉片與花軸

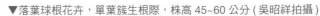

▼落葉球根花卉，單葉簇生根際，株高 45~60 公分（吳昭祥拍攝）

· 學名
Hedychium coronarium
· 英名
Butterfly ginger, Ginger lily

薑花

　　別名蝴蝶薑、野薑花，原產地為印度、喜馬拉雅山。充足陽光開花多，盛夏之酷熱炎陽需稍加遮陰，免葉片枯焦，半陰較適合，喜水邊肥沃濕地，地下根莖會自然繁衍並擴大植群。花蕾為白波紋小灰蝶之食草，花為黑挵蝶之蜜源植物，晚間花香會吸引蛾類。

黑挵蝶吸食薑花的花蜜

◀單葉互生於假莖、2 列狀，葉長橢圓形，全緣。革質，葉長20~60 公分、寬 5~10 公分

◀葉基完全貼生假莖，假莖嫩部被毛

▼多年生常綠草本，株高1~2 公尺

▼單葉從地際之短縮莖抽出，具肥大之地下根莖

▼白花狀似蝴蝶，中心黃色，具芳香

▶橢圓形穗狀花序頂
生，長 15~30 公分，苞
片綠色、倒卵形、長 3~5 公
分，苞內著生 2~3 朵花

▼花期 8~10 月

▶吳昭祥拍攝

美麗蝶薑 *H. hybridum*

花色有多種。

◀種子色黑圓
且堅硬，可當作子
彈，早年鄉間孩童用
其種子配彈弓射人戲耍

· 學名
Canna spp.
· 英名
Canna

美人蕉

別名曇華，原產地為泛熱帶地區。一年四季常見開花，常見者多為園藝栽培品種。又名蓮蕉花，乃因葉形似芭蕉，其假雄蕊變化成鮮豔之花瓣，而稱為美人蕉。全日、半日照或稍蔭蔽處均能生長，喜高溫多濕。

◀多年生常綠、直立草本，具地下根莖，株高 70~150 公分

單葉互生，葉卵披針形，全緣，葉
長 10~30 公分、寬 8~15 公分，柄鞘狀抱
莖，葉色有綠、黃、紅紫、褐紅或多色。

夏季為盛花期。總狀花序頂生，花序常被蠟質白粉，花蕾外
具長約 1.2 公分卵形苞片。5 雄蕊，僅其 1 具可孕性花藥，
最外 3 個雄蕊退化為花瓣狀、倒披針形，較真正花冠更大，
為主要花瓣，另有特大反卷唇瓣，雌蕊著生於花朵中央。

▲園藝改良品種甚多，花
色因品種而異，常見有
紅、粉紅、黃、乳白、
乳黃、橙紅、橙黃、斑
點混合或複色等

蒴果卵形，長 1.2~1.8 公分，有肉質小軟刺。果熟 3 裂

· 學名
Crinum asiaticum var. sinicum
· 別名
允水蕉、文殊蘭
· 臺灣原生種

文珠蘭

英名 Poison bulb 指鱗莖有毒。自生於臺灣各地濱海之珊瑚礁岩與沙灘，為典型海漂植物與定砂植物。適平地氣溫，耐陰、耐強陽、耐乾旱、耐瘠、耐鹽霧。

▲大型蒴果扁球形，
　徑約 5 公分

▶夏季開花，繖形花序腋出，每花序有 20 多朵白花，花冠筒長 10~13 公分，花冠 6 裂，反捲下垂

◀種子外種皮海綿質，
　可在海上漂流

▼多年常綠大型草本，具地上短縮莖以及地下鱗莖，株高 1~1.5 公尺。單葉螺旋狀叢生，葉長劍形，長 60~100 公分、寬 10~15 公分，全緣，肉質

類似品種

▲美麗文殊蘭
(C. amabile) 花紅色

◀斑葉文殊蘭
(C. asiaticum cv. Variegata)

石蒜科

蜘蛛百合

- 學名
  Hymenocallis speciosa
- 英名
  Spider lily
- 原產地
  西印度群島、中國

花形似蜘蛛，故名蜘蛛蘭或蜘蛛百合；白花，喜生於海水邊，又稱海水仙。栽培環境類似文殊蘭。

◀花筒細長，6 花瓣細線形、略外翻，瓣基 1/3 處有蹼狀副冠相連成漏斗形，係由花絲基部癒合而成，綠色花絲及 T 型黃色花藥由副冠往外突出

▼多年生常綠性球根花卉，具地下球形鱗莖，徑約 7~11 公分。單葉叢生，葉長劍形，軟肉質，葉長約 60 公分、寬約 5~8 公分，具短柄

▼花期 4~6 月，頂生繖形花序有小花 7~12 朵，花莖扁形直立葉叢中，白花、芳香

▼北海岸

類似植物比較 文珠蘭與蜘蛛百合

	文珠蘭	蜘蛛百合
短縮莖	日漸高突	低矮
葉長 × 寬 (公分)	60~100×10~15	60×5~8(葉片較窄細)
花朵蹼狀副冠	無	明顯
果實	常見	少見

▼花軸由葉叢中央抽出，
　高 6~12 公尺

· 學名
　Agave americana
· 英名
　Agave
· 原產地
　熱帶美洲、墨西哥

龍舌蘭

　　性喜高溫、充足陽光，不耐陰。原生育地為墨西哥的乾燥地，屬於沙漠植物，成株耐乾旱。耐鹽、抗強風，海濱亦可栽植。葉端尖刺具阻隔性，臺灣早期軍營做圍籬以加強安全，國外則為防止牛隻逃逸而以此為籬。但葉端之硬尖刺扎人，須遠離人來人往處，以及兒童遊樂區。

▼植株具短縮莖，株高 2~3 公尺，單葉自根際簇
　生，葉披針形，端具尖硬銳刺、長達 2.5 公分。
　葉肉革質，緣具魚鉤般之後彎尖刺，葉長 180 公
　分、寬 10~25 公分

◀▲圓錐花序，黃綠色小
　花，冠徑 7~10 公分，
　花期秋天

◀開花結果後植株即死亡，
　以基部萌櫱長大延續

▼果軸自萌小植株，摘取種之即活

▶黃邊龍舌蘭（ *A. americana* 'Marginata'）綠葉，黃色邊刺齒緣

▶翠綠龍舌蘭（ *A. attenuata* ）葉長 50~70 公分，質軟、色灰綠，最大特徵為葉緣無刺

▲綠果熟轉褐色

▲白緣龍舌蘭（ *A. angustifolia* 'Marginata'）綠葉乳白邊

類似植物　黃邊萬年麻

別名：黃紋萬年麻
學名：*Furcraea foetida* cv. Mediopicta

植株型態類似龍舌蘭，不同處：
葉片硬肉質，濃綠葉色具乳黃至乳白色不規則縱走斑紋，葉緣波浪狀、僅下部有少數刺齒，葉端不具硬刺；葉長 60~120 公分、寬 12~18 公分。

· 學名
Cordyline fruticosa
· 原產地
中國、東南亞

朱蕉

　　最好種在無直射光之明亮處，葉色鮮明亮麗，過低光度可容忍，但生長差、葉色不豔麗、且植株徒長，直射全日強光易導致葉片焦枯、葉色黃褐。

　　單葉叢簇稈頂，葉披針形，全緣，厚紙質。葉長15~60公分、寬3~15公分，葉片大小及葉色依品種而異，葉色包括綠、粉、紅、紫紅、黃或雜色、斑紋等。

▶花期春天，圓錐花序長30公分，管狀小花、冠徑1~1.5公分，花色粉紅、紅紫或黃、白等；3總苞、6花被，6雄蕊

▼常綠，直立單稈叢生，修長細稈表面平滑、環紋明顯

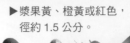

▶漿果黃、橙黃或紅色，
　徑約 1.5 公分。

番仔林投

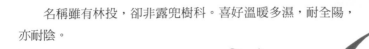

· 學名
Dracaena angustifolia
· 臺灣原生種

　　名稱雖有林投，卻非露兜樹科。喜好溫暖多濕，耐全陽，亦耐陰。

▶單葉旋疊式簇生，革質，全緣，葉長 35~40 公分、
　寬 1~1.5 公分。葉長線形、細長下垂

▼花期夏天，圓錐花序頂生

▶修長細稈、環紋明顯

▼常綠灌木，叢生性，株高 2~3 公尺

▼長管狀紫紅色花密生，小
　花白色，冠徑 0.5~1 公分

竹蕉屬 *Dracaena*

常綠性、多年生直立草本。稈面平滑、具明顯葉痕。單葉叢生,節間短,葉片密簇,全緣。多為觀葉植物,來自熱帶及亞熱帶地區,喜溫暖氣候。非直射光的明亮環境使葉色亮麗、黃斑顯色佳,強烈陽光直射造成葉片焦黃。生長緩慢,耐旱。

◀中斑香龍血樹

香龍血樹 *D. fragrans*

別名巴西鐵樹,葉寬線形、下垂狀,長 40~80 公分、寬 6~10 公分。綠葉外尚有中斑、黃邊品種。
總狀花序、淺黃小花,具芳香。
常以「段木」方式出售,來自老株莖稈、徑 5~10 公分。

▼黃邊香龍血樹

▼香龍血樹

◀開花　　　▲椵木

黃綠紋竹蕉 *D. deremensis* cv. Roehrs Gold

劍形葉,長 30~50 公分、寬 4 公分,葉面中央濃綠色、緣黃色,其間有白色細斑條分隔。

黃邊短葉竹蕉 *D. reflexa* cv. Variegata

葉披針型、略扭曲;葉長 12~15 公分、寬 1.5~2.5 公分;葉面中央濃綠色、緣乳黃色。

紅邊竹蕉 *D. marginata*

莖稈直出或蛇形扭曲。葉線形，長30~45公分，寬1公分。另有彩虹竹蕉、彩紋竹蕉等，葉色更多彩而美豔。

◀綠色葉片鑲細緻紅邊

▶幹面三角狀葉痕

百合竹 *D. reflexa*

披針形葉，長 10~15 公分、寬 2~3 公分，葉色濃綠富光澤。

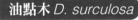

綠葉竹蕉 *D. sanderiana* cv. Virescens

葉闊披針形，葉面中央淺綠色、緣濃綠色。

油點木 *D. surculosa*

長橢圓形葉，對生或輪生，薄肉質，濃綠葉面散佈黃色油點，葉長 10~20 公分、寬 2~4 公分。

▼繖形花序，小花白色。

▶單葉叢生稈頂，截頂
後會形成多個分枝

· 學名
Nolina recurvata
· 原產地
墨西哥

酒瓶蘭

不畏強光直射，幼株較耐陰。熱帶植物喜高溫，
成株可耐霜害。生長緩慢，生命力強，稈可貯水，
夠整年生長所需，耐乾旱。

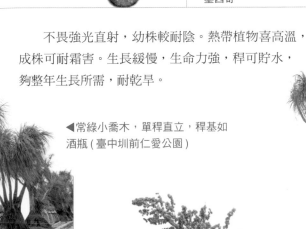

◀常綠小喬木，單稈直立，稈基如
酒瓶 (臺中圳前仁愛公園)

▲稈基肥大，樹皮具厚木
栓層，表面龜甲狀裂

▼斑葉品種。葉扁線形
軟垂狀，全緣或細鋸齒，
革質，葉長 100~180 公
分、寬約 2 公分

◀果實變黃褐色

▼全陽下、植株成熟才會開花，大型圓錐花序
直出，花乳白、乳紅色，單性花 (臺中僑園
大飯店)

▼果實轉紅

▼果實完全乾熟

虎尾蘭屬 *Sansevieria*

英名為 Snake plant, Mother-in-law's tongue，長形葉面常分佈橫向的帶斑，類似虎尾，故名之。多年生直立草本，具短縮莖，以及匍匐狀肉質地下根莖，節處發生 2~8 片葉子。單葉發自根際，全緣。

原生長於乾旱的非洲及亞洲南部，以其多肉質的葉片、及短而厚實的地下根莖，來適應乾旱環境。喜好溫暖，日照要求不拘。

扇葉虎尾蘭 *S. grandis*

長橢圓形葉，長 50~80 公分、寬 10~15 公分，濃綠葉面散佈淡綠斑塊。

棒葉虎尾蘭 *S. cylindrical*

英名 Spear sansevieria 葉圓筒狀，面具縱走淺凹槽構，葉端漸尖細，長 60~150 公分、徑 3 公分。暗綠色葉面佈橫走灰綠帶斑，隨葉齡逐漸淡化。

虎尾蘭 *S. trifasciata*

▼花期冬春，6 花被，長 1.5~1.8 公分，花黃白色，下部合生成筒狀，6 雄蕊，花柱伸出花冠外

▶直立性圓錐花序抽自莖基，長 20~80 公分，小白花 3~8 朵一束，冠徑 2~3 公分，夜間放香

▼原產於南非與印度，株高 30~100 公分，葉線披針形，葉色乃濃綠與銀灰橫斑條交雜，似虎斑紋；葉長 60 公分、寬 5~12 公分

黃邊虎尾蘭 'Laurentii'

類同虎尾蘭，但葉緣鑲黃色寬帶斑。

黃邊短葉虎尾蘭 'Golden Hahnii'

銀短葉虎尾蘭 'Silver Hahnii'

銀灰葉、夾雜不明顯之綠色橫走斑條，葉面富金屬光澤。

短葉虎尾蘭 'Hahnii'

英名 Bird's nest Sansevieria，乃因葉片由中央向外迴旋疊生，簇生叢茂如鳥巢般。植株低矮，株高不超過 20 公分。葉長卵形，長 10~15 公分、寬 12~20 公分。

短葉虎尾蘭

▶白邊灰綠短葉虎尾蘭

◀灰綠短葉虎尾蘭

王蘭

- 學名
  Yucca aloifolia
- 英名
  Spanish bayonet
- 原產地
  北美州、墨西哥

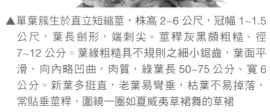

　　原生育地為鄰近海岸之沙丘、土堤或海岸線，耐風、耐鹽，適合海岸栽植。英名 bayonet 乃形容葉片如刺刀。生長緩慢。葉端尖銳，刺到非常疼痛，厚衣褲也能刺透，種植處不宜接近人來人往之處，倒可利用葉尖針刺之阻擋特性，增加阻隔效果。

鑲邊王蘭 cv. Marginata

▲單葉簇生於直立短縮莖，株高 2~6 公尺，冠幅 1~1.5 公尺，葉長劍形，端刺尖。莖稈灰黑頗粗糙、徑 7~12 公分。葉緣粗糙具不規則之細小鋸齒，葉面平滑、向內略凹曲，肉質，綠葉長 50~75 公分、寬 6 公分。新葉多挺直，老葉易彎垂，枯葉不易掉落，常貼垂莖稈，圍繞一圈如夏威夷草裙舞的草裙

▼花冠徑 7~10 公分，白花、偶帶紫色斑暈，具芳香，小花懸垂狀

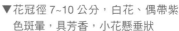

▼花期春、秋季，頂生直立圓錐花序自植株中央抽出，長達 60 公分，具觀花效果

類似植物比較　王蘭、刺葉王蘭 (*Y. gloriosa*) 與象腳王蘭

	王蘭	刺葉王蘭	象腳王蘭
分枝	少	較多	截稈後會產生
株高 (公尺)	2~6	2~3	9~15
葉色	深綠	青綠、灰綠	藍綠
葉緣	鋸齒、粗糙	僅幼葉疏齒	無、鋸齒
葉長 × 寬 (公分)	50~60×5	60~90×6	120×8
葉端	尖硬刺	硬刺	無硬刺
葉片	直挺	葉身中央易彎垂	直挺
小結	稈基易萌發 小植株，葉端尖硬刺	老株稈頂常有分枝， 植株外型狀似山丘， 葉片較不硬挺會彎垂	植株高大，稈粗壯， 稈基肥大。生長較快速， 幼株耐陰

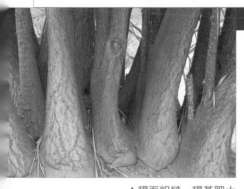

▲稈面粗糙、稈基肥大

▼植株高大，株高 9~15 公尺，具明顯分枝

類似植物：象腳王蘭 *Y. elephantipes*

英名為 Giant yucca

▼葉片硬挺直出，葉緣鋸齒、粗糙，葉端無硬刺

亞歷山大椰子

・學名
Archontophoenix alexandrae
・英名
Alexandra palm, King palm

・原產地
澳洲昆士蘭

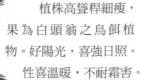

植株高聳稈細瘦，果為白頭翁之鳥餌植物。好陽光，喜強日照。性喜溫暖，不耐霜害。

▶羽葉上之小葉 2 列狀，羽葉有小葉 50~80 對，小葉線披針形互生，全緣，革質。羽葉長 2 公尺，寬 1 公尺；小葉長約 50 公分、寬 3 公分

◀通直修長細單稈，整體粗細頗類似，僅稈基略肥大，高 20~30 公尺，每稈 10~15 片羽葉

▶稈面平滑、灰白色、徑 15~25 公分，環紋明顯，節間長 2~5 公分

▼核果長 1 公分，圓錐橢圓形，熟果紅色長串下垂

▼穗狀花序成串下垂，長 40~50 公分，花淡黃白色，雌雄同株異花，佛燄苞 2 枚

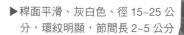

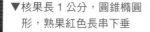

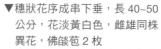

・學名
Areca catechu
・原產地
馬來西亞、菲律賓

檳榔

　　屬名來自馬來西亞土名，種名為馬來語，意指一種從植物中提煉出來的液汁，乃因嫩果搗碎榨出汁液，煮沸後可製成棕色染料，俗稱檳榔子染。頂端嫩芽稱半天筍。垂直分佈 300 公尺以下，喜高溫潮濕與豔陽。原住民取其葉鞘，固定兩端，穿過竹枝，製成小船，用來盛裝湯水。平埔族和東部及南部的原住民，檳榔為其主要嗜好。阿美族人則用以招待訪客，做祭品，亦為訂親與結婚時不可或 的禮物。排灣族人喜歡種植於住家四周，魯凱族人之田地必種，卑南族人除食用外，亦用於祭祀及巫術。

▲花後 8 個月果實成熟，熟時黃橙色。核果橢圓形，長 4~5 公分、徑 2~3 公分

◀稈 高 15~25 公尺、徑 10~25 公分。每株僅 6~9 枚羽葉，羽葉顯得較短胖，小葉約 19 對。小葉闊線形、互生，排列緊密，端咬切狀，全緣，革質，葉面摺襞濃綠色。羽葉長 1~1.8 公尺、寬 50~120 公分，總柄斷面三稜形。小葉長 50~70 公分、寬 5~12 公分

◀通直修長細稈單立，幼稈綠色，表面平滑、環紋明顯，節間長 10~15 公分

▼花期夏天，雌雄同株異花，每株 3~4 個肉穗狀花序，多分歧，花苞時包藏於箆形之佛燄苞內，苞長 50 公分、寬 12 公分。總梗粗短，小梗細長，花淺黃白色，具芳香

▼花逐漸變成果實

山棕

· 學名
Arenga engleri
· 英名
Formosan sugar palm

· 臺灣原生種

種名 *engleri* 乃為紀念德國植物學家 H.G.A.Engler，他對熱帶植物頗有研究。廣泛分佈於本省 800 公尺以下森林底層之陰溼溪谷。適全日照與半陰，幼株較不耐直射強光。性喜高溫，耐寒性差。為吸引夜蛾以增加授粉機會，花味夜間較香濃。成熟果實深受獼猴、鳥類的喜愛。果實成熟時色彩鮮麗，吃下口腔麻痺，需數小時才漸恢復。

和早期臺灣民間生活息息相關，蘭嶼山胞食其嫩芽，葉軸切成細條可用以結紮綁束；大形葉片綑束可製成斗笠與掃帚，以及搭建草寮時覆蓋屋頂。賽夏族與山棕間流傳一個故事，古早賽夏族和小矮人一起生活，後因小矮人好色，遭賽夏族滅族，僅存的小矮人用山棕葉向賽夏族下咒語，原本合閉的山棕葉子，因小矮人詛咒而變成羽狀葉，終仍念在過往交情，葉端最後 3 片沒有撕開下咒語，留給賽夏族活命機會。賽夏族也對小矮人離去有所懷念與不捨，因此每年舉辦矮靈祭，成為祭典中不可或缺的植物。

▲稈高 3~4 公尺，冠幅 2~4 公尺，每株有 36 片以上羽葉

▼稈直立叢生，稈徑 2~10 公分，表面環紋不明顯，葉柄粗大具稜角

▶葉柄與葉鞘被覆黑色網狀纖維，即所謂之棕毛，耐久力強，供製蓑衣、掃帚及棕刷等

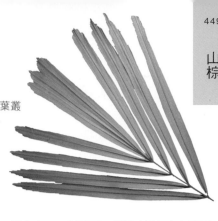

▼葉端咬切狀，葉面平滑濃綠色、富光澤，小葉長 40~60 公分、寬 2~4 公分

▶小葉互生或 2~3 葉叢生、頂 2~3 片合生，葉背銀灰色，基漸狹、摺襞且內向鑷合

◀10 月果熟，果內有 1~3 粒種子，種子略具灰白色斑點

▼漿質核果球形，熟為橙黃、紅至暗紫色，徑約 1.5~2 公分

▼花期 4~5 月，多歧肉穗花序長 60 公分，花冠徑 1~1.5 公分，桔黃色花；3 花瓣、長 1.5 公分，質粗厚；雄蕊多數，花具芳香

▼1 回羽葉長 2~2.5 公尺、寬 1~1.3 公尺，小葉 30~40 對；小葉闊線形、厚紙質，全緣或疏齒牙

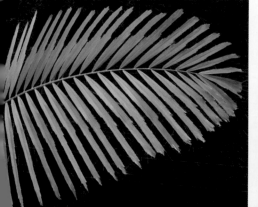

凍子椰子

· 學名
Butia capitata
· 原產地
南美

果實可製造果醬與果凍，故英名為 Jelly palm。

▼▶小葉互生或對生，長 70 公分、寬 1~2.5 公
分，背銀灰色。羽葉長 2 公尺、寬 1 公尺

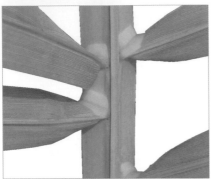

▼葉銀灰色，羽葉之小葉 V 型排列，總
柄長達 60~120 公分、刺緣

穗狀花序，花紅、
黃色，雌雄同株。

▼稈高 2~5 公尺、徑 30~60 公分，
葉鞘具纖維

▼熟果紅色

· 原產地
　東南亞、中國

· 學名
　Caryota mitis
· 英名
　Clustered fish tail

叢立孔雀椰子

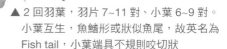

性喜溫暖，為原生育
地熱帶雨林之下層植
栽，幼株耐陰。

▲ 2 回羽葉，羽片 7~11 對、小葉 6~9 對。
　小葉互生，魚鰭形或狀似魚尾，故英名為
　Fish tail，小葉端具不規則咬切狀

▼ 每稈有 4~7 片羽葉，稈基
　易萌蘖而群生小植株

▼ 稈叢生，稈面具環紋，節間
　長 16~30 公分，葉鞘具纖維

◀ 果實球形，徑約 1.5 公分，
　熟時暗紅、紫褐色

錦葉叢立孔雀椰子 *cv.* Variegata 　綠葉帶乳黃斑

類似植物比較 叢立孔雀椰子與孔雀椰子

2 回羽葉，小葉片均為魚鰭狀；孔雀椰子為單稈，植株高大，葉大，花序長。差異如下：

	叢立孔雀椰子	孔雀椰子
株高 (公尺)	5~7	20~26
稈徑 (公分)	10~18	35~50
稈	叢生	單立
羽葉長 (公尺)	1.2~1.8	2~3
小葉長 (公分)	10~18	20~30
花序長 (公尺)	0.5	1.5~3
果徑 (公分)	1.5	3

▶高雄熱帶植物園

孔雀椰子 *C. urens*

◀2 回羽葉，小葉魚鰭狀、長 20~30 公分

◀單稈節間長 10~25 公分

▶每稈有 12~15 片羽葉

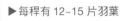

▼花序最早從稈頂發出，之後著生位置陸續下降，開花至最低時，植株將死亡。圓形果實徑 3 公分，成熟時由黃轉紅再變黑褐色

· 學名
Chamaedorea elegans
· 英名
Parlour palm

· 原產地
墨西哥、瓜地馬拉

袖珍椰子

▲花期春季，雌雄異株，穗狀花序長
50~60 公分，小花黃色、小果狀

植株低矮、枝葉袖珍，喜溫暖潮濕，耐陰。

▶ 1 回羽葉長 40~70 公分、寬 20~40 公分，小葉
13~17 對，互生或對生。小葉披針形，薄革質，
濃綠色，長 10~25 公分、寬 1~3 公分

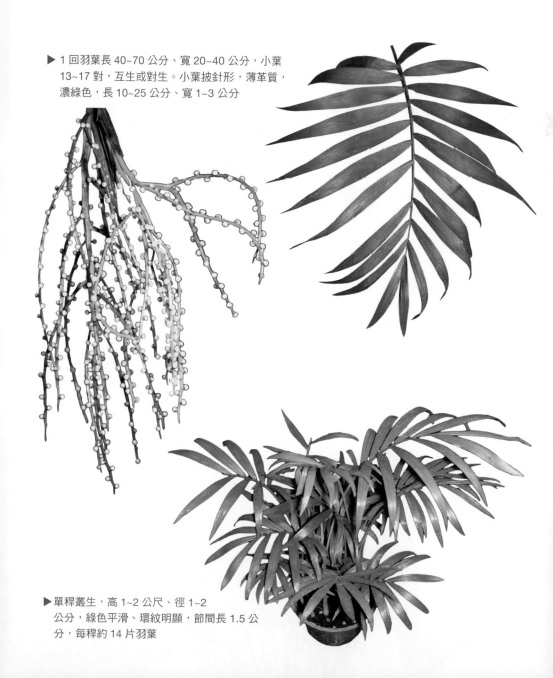

▶單稈叢生，高 1~2 公尺、徑 1~2
公分，綠色平滑、環紋明顯，節間長 1.5 公
分，每稈約 14 片羽葉

黃椰子

- ·學名
  Chrysalidocarpus lutescens
- ·英名
  The golden cane palm
- ·別名
  散尾葵
- ·原產地
  馬達加斯加

中名意指其葉片與葉柄均帶黃色。適於熱帶與亞熱帶地區。不耐寒，可耐戶外陽光直射，稍耐陰。

▶ 7~8 月果熟，漿果倒圓錐形，黃熟後外果皮變紫黑色

▼ 1 回羽葉長 1.5~2 公尺，總柄黃綠色。小葉 40~50 對、多對生，線披針形，長約 50 公分、寬 2~6 公分

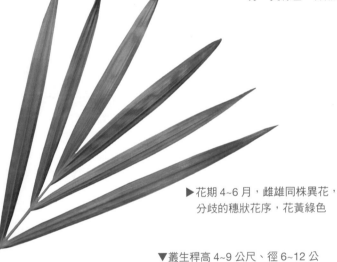

▶稈面平滑、略粗糙，環紋明顯，節間長 3.5~20 公分，黃綠色、佈黑色斑點

▶花期 4~6 月，雌雄同株異花，分歧的穗狀花序，花黃綠色

▼叢生稈高 4~9 公尺、徑 6~12 公分。每稈有 6~10 片彎垂羽葉，小葉在羽葉上排列呈淺 V 型

▼葉黃綠色，全緣，中肋表面隆起，紙質

種子發芽圖

· 學名
 Cocos nucifera
· 英名
 Coconut

可可椰子

　　屬名係葡萄牙語，意猴子，種名意堅果，可能是因為去除果皮後，種皮上端有 3 個孔洞，整體造型頗類似猴臉。廣泛栽培於熱帶地區，性喜高溫多濕、豔陽、耐風、耐鹽、耐潮等。果實富纖維質，不僅耐鹽、且可浮於海面，隨處漂流傳播。

▶臺中東峰公園
　（二二八紀念公園）

◀圓柱狀單程常傾斜彎曲，幹基肥大，具長三角形斜環紋

▼程高 20~30 公尺、徑 40~60 公分，大型自然彎垂之羽葉，30 多片叢生程頂（大鵬灣）

▲羽葉有小葉 80~120，基摺襞且外向鑷合，革質，長 60~120 公分、寬 1~5 公分。羽葉長 3.5~8
公尺、寬 1~2 公尺，黃綠色粗壯葉柄長 1~2 公尺，葉鞘包覆黑褐色纖維

▼橢圓形堅果具 3 稜，
長 20~30 公分、徑
15~25 公分

▲外果皮薄、色綠黃，厚實中果皮
具豐富纖維，內果皮極堅硬，其
內為肉質胚乳 (椰肉) 與椰汁

· 學名
Hyophorbe lagenicaulis
· 英名
Bottle palm
· 原產地
模里西斯

酒瓶椰子

◀漿果橢圓形,長 2.5公分,熟紅褐至黑色

喜高溫多濕,不耐霜雪;喜充足日照,半日照亦可。

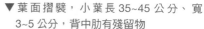

▼花期春天,雌雄同株異花,肉穗花序長約70公分,花黃綠色

▶乾燥種子

▲1回羽葉長1.4公尺、寬1公尺,40~60對小葉密生

▼葉面摺襞,小葉長35~45公分、寬3~5公分,背中肋有殘留物

▼稈高2~4公尺,基部肥大、徑70公分,整體呈酒瓶狀,故名之。單稈、環紋明顯,每稈約5~7片羽葉

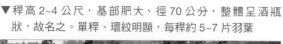

▼葉基摺襞且外向鑷合、三角形貼生葉軸,中肋隆脊狀

棕櫚科

棍棒椰子

· 學名
Hyophorbe verschaffeltii
· 英名
Spindle palm

　　原產地泛熱帶，性喜溫暖之陽光充足處。

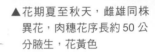

▲花期夏至秋天，雌雄同株異花，肉穗花序長約 50 公分腋生，花黃色

▼漿果長橢圓形，熟紫褐黑色。種子長橢圓形，長約 2 公分、寬 1 公分，黑褐色

▶每株 7~10 羽葉，單稈高 7 公尺、徑 30 公分，面平滑灰褐色、環紋明顯，節間長 2~6 公分。1 回羽葉、小葉 60 對，葉面摺襞，革質，葉色灰綠。羽葉長約 2 公尺，小葉長 50~60 公分、寬 2~3 公分

· 臺灣原生種

· 學名
Livistona chinensis
· 英名
Fan palm

蒲葵

　　另一英名 Chinese fountain palm，係指其葉裂片彎垂似瀑布般。喜直射光之日照充足處，幼樹較耐陰。耐熱，性喜溫暖，稍耐寒。

◀稈圓柱狀，基部稍肥大，表面粗糙，環紋較不明顯，稈徑 30~50 公分

▼單稈直立，稈高多 10~20 公尺

▲掌狀中至深 40~75 裂葉，裂片線形，裂端漸尖、分叉下垂狀，基部內向鑷合。葉面摺襞，革質，綠葉徑與粗大葉柄長約 1.5~2 公尺。幼葉柄常具逆刺，成熟葉柄僅中央以下具硬刺

▼大鵬灣

▼卵橢圓形核果長2公分，
熟藍黑褐色。

▼花期3~5月，黃綠色肉穗花序
隱藏群葉中，長約1.5公尺。

果實

種子、果皮

類似植物比較　蒲葵、圓葉蒲葵與圓扇椰子

均為羽狀裂葉，差異如下：

	蒲葵	圓葉蒲葵 L. rotundifolia	圓扇椰子 Licuala grandis
稈高 (公尺)	10~20	10~15	2~3
稈徑 (公分)	30	30	7
葉徑 (公尺)	1.5~2	1.5~2	1
裂縫深度	2/3	1/2~1/3	極淺
裂片數	40~75	60~90	0
小結	較深裂，裂片數較少	較淺裂，裂片數較多	矮小，翠綠小型葉片，葉緣齒牙，較耐陰

▶圓扇椰子

・學名
Neodypsis decaryi
・英名
Triangle palm

三角椰子

原產地在馬達加斯加，成株喜充足陽光，幼株較耐陰。性喜高溫多濕，幼株易受寒害，成株稍耐寒。

▲稈高約 5 公尺 (臺中豐樂公園)

▶每稈有 14~18 片羽葉，每羽葉有 55~90 對小葉

▼葉鞘部之橫切面為
三角形，故名之

◀單稈直立，稈徑 20~30 公分，稈面具葉柄脫落痕跡，頗粗糙，環紋稍明顯

▲葉色灰綠

▼羽葉總柄基部密
覆黑褐色毛

▼穗狀花序長 1 公
尺，花黃綠色

▼小葉中肋彎折，葉背基部面具毛叢，小葉長60~80 公分、寬 1.5~2.5 公分，羽葉長約 2.5公尺、寬 1 公尺

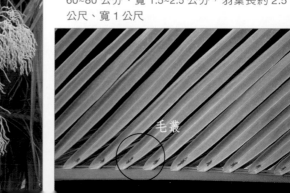

毛叢

棕櫚科

加拿列海棗

· 學名
Phoenix canariensis
· 英名
Canary island date palm

原產地乃非洲之加拿列島，植株高大挺拔，羽葉整齊、對稱佳，氣勢宏偉。不耐寒，需充足陽光，耐風、耐鹽，耐乾旱，適於海岸。

▲單稈直立、粗壯圓柱狀，表面富纖維質，葉柄脫落痕跡頗特殊

◀稈高 10~20 公尺、徑 0.5~1 公尺，每稈有 40~100 片羽葉

▶羽葉長 5~6 公尺、寬 70 公分，有小葉 150~200 對，整齊 2 列狀，羽葉基具小葉變形的針刺 10~13 對。小葉 2~3 枚連生，基摺襞內向鑷合，小葉長 50 公分、寬 2 公分

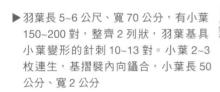

▼雌雄異株，肉穗花序長達 2 公尺、下垂狀，小花橙黃、乳黃色。果熟轉橙黃至橙紅色

▼植株挺拔高聳、壯觀優美 (洛杉磯)

棕櫚科

・別名
　桄榔、臺灣糠榔
・臺灣原生種

・學名
　Phoenix hanceana
・英名
　Formosan date palm

臺灣海棗

▲稈表面褐色、
　具葉柄脫落之
　菱形痕跡

　　名稱海棗乃表示其生育地以海岸為主。生長於全臺低海拔之陽性樹，喜充足陽光、高溫潮濕，半陰尚可。抗風、耐鹽，耐旱。果白頭翁喜食。

▲單稈高 3~10 公尺、
　徑可達 30 公分

▶果熟於 6~10 月，長
　橢圓形果實長 1.4 公分，
　徑 1 公分，橙黃或橙紅色

▼花期 3~6 月，雌雄異株，肉穗花序長 90 公分、腋生，黃花、冠徑 1 公分，芳香

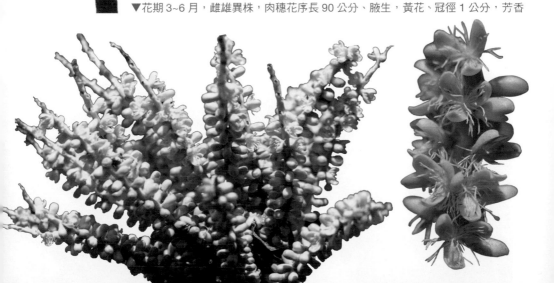

▲葉基摺襞且內向鑷合,灰綠色

▼羽葉基部小葉變針刺,約 20 對;葉柄長約
20~30 公分,葉鞘具纖維

▲小葉互生或對生,線披針形,端銳刺,
小葉長 30~50 公分、寬 3~4 公分

▼一回羽葉 2~4 列,小葉 80~95 對,
羽葉長約 2 公尺、寬 60 公分

▼葉非整齊 2 列

· 學名
Phoenix roebelenii
· 英名
Dwarf date palm
· 原產地
中南半島

羅比親王海棗

性喜溫暖潮濕，不耐霜害。陽性，半日照或稍陰環境亦宜，幼樹較耐陰。葉為紫蛇目蝶之幼蟲食草。

內向鑷合

◀小葉互生或對生，長 20~30 公分、寬 1 公分，葉背綠色、中肋有刺

▼果熟於 9~11 月，漿果卵橢圓形，長 1.5 公分、徑 0.7 公分，紅熟後轉黑褐色

▼稈高 3~5 公尺

▼稈面硬瘤狀突起，乃老葉柄基殘留痕跡

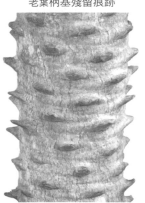

▼直立單稈，每稈羽葉 23~65 片、羽葉有 45~55 對小葉，羽葉長 1~1.2 公尺、寬 50 公分

▼花期 4~5 月，雌雄異株，肉穗花序腋生，花序長 30~50 公分，具芳香

類似植物比較 **常見海棗屬** *(Phoenix)* **植物**

	加拿列海棗	臺灣海棗	羅比親王海棗	中東海棗
稈高 (公尺)	10~20	3~10	3~5	> 10 公尺
稈徑 (公分)	50~100	20~30	10	40~50
稈上葉痕	菱形	菱形	硬瘤狀突起	不明顯，殘餘葉柄伏貼稈上
羽葉長 (公尺)	5~6	2	1~1.2	2~5
小葉 長 × 寬 (公尺)	50×2	30~50×3~4	20~30×1	30~50×3~4
果長 × 徑 (公分)	2×1	1.4×1	1.5×0.7	2.5~6×1.5~4
小結	植株壯觀	花果具 觀賞性	葉片較柔軟， 細長	果實較大

中東海棗、棗椰子 *P. dactylifera*

果實

▲種子長約 2 公分，背部向
　內彎曲，腹部有一深縱溝

▼大鵬灣

▼臺中裕元酒店

老稈　　　　幼稈

· 學名
Ptychosperma macarthurii
· 英名
Macarthur palm

馬氏射葉椰子

　　原產地為新幾內亞之熱帶雨林區，喜高溫潮濕，不耐霜害；全日、半日照或半陰處均適合，果實白頭翁喜食。

◀修長細稈表面平滑、環紋明顯，節間長 3~15 公分，幼稈綠色，老稈淺灰褐色

▼1回羽葉、小葉 20~30 對，互生或對生，全緣，紙質；羽葉長 1~1.5 公尺、寬約 70 公分；總柄長 20~25 公分。深綠色葉鞘長 50 公分、先端具 2 射出物。小葉寬線形，葉端截形咬切狀，基部楔形，小葉長約 45 公分、寬 6 公分

▼果實長約 1.5 公分，熟時腥紅色

▼肉穗花序腋生，花單性，白或青黃色

▼稈 5~10 叢生，高 5~8 公尺、徑 7~8 公分

棕櫚科

觀音棕竹

· 學名
Rhapis excelsa
· 原產地
中國

葉為紫蛇目蝶之食草

別誤認觀音棕竹屬於竹類，是具地下根莖之小型棕櫚，根莖會拓植。半陰性，高熱之強陽直射，葉易黃萎或燒焦。性喜高溫多濕，稍耐寒。

▼株高多 3 公尺以下，單葉叢生

▶葉掌狀 4~10 深裂。裂片長帶狀，長
20~35 公分、寬 1.7~3 公分。葉長
25~40 公分、寬 40~60 公分、柄長
25~40 公分

斑葉品種 *cv.* Variegata

葉具黃斑

▼高雄熱帶植物園

▼直立修長細稈叢生，稈徑 2~3 公
分，稈面具黑褐色纖維質

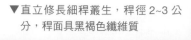

◀果熟於 1~3 月，白色之
多汁漿果，闊橢圓球形

▼ 6~7 月開花，雌雄異株，肉穗狀
花序長 20~30 公分；小花淡黃色

類似植物 **棕竹** *R. humilis*

稈高 1~4 公尺，葉掌狀 11~20 裂，
裂片長約 35 公分、寬 1.5 公分，較
觀音棕竹之裂數多、且裂片較細長。

棕櫚科

大王椰子

· 學名
Roystonea regia
· 英名
Royal palm
· 原產地
古巴

屬名 *Roystonea* 乃為紀念 RoyStone 將軍，他在加勒比海服役時，對當地有重大影響，不僅因而命名，且成為當地主要行道樹。喜高溫，耐熱，陽性樹。果為白頭翁之鳥餌植物。

◀植株高大，稈高 20~30
公尺、徑 50~80 公分，
14~20 羽葉叢生稈梢

▲永靖高工於大王椰子下方，種植樹冠開
展喬木，藉其樹冠擋落葉，免砸人車

▶ 1 回羽葉有 180~280 對互生小葉；小葉端 2 裂下垂。羽葉長 2.5~3.5 公尺、寬 1~2 公尺；小葉長 60~120 公分、寬 2~4 公分。羽葉上之小葉向 4 個方位伸展

冠莖

大王椰子 ←

亞歷山大椰子 ↓

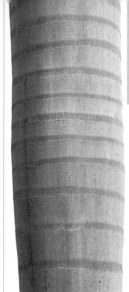

▲稈圓柱狀單立，中下部較粗，稈面平滑灰白、環紋稍明顯

▼整齊列植於道路兩旁，高大聳立，營造莊嚴肅穆氣勢（臺大）

▼雌雄同株異花，肉穗花序長達 1 公尺

女王椰子

· 學名
Syagrus romanzoffiana
· 英名
Queen palm

別名克里巴椰子、皇后葵，原產地為日本九州南部及琉球。稍耐寒，部份陰暗尚可容忍。

▶稈環節明顯，節間長 7~10 公分。幼稈綠色，老稈淺灰褐色，隨樹齡稈面漸光滑

◀臺中科博館

▼直立單稈高 5~12 公尺、徑 30 公分，稈兩端稍細，羽葉繞葉軸生長稍亂

類似植物比較　女王椰子與大王椰子

羽葉都有多列小葉，但女王椰子之羽葉較大王椰子來得軟質，柄基葉鞘部具明顯棕毛，其他差異如下：

	女王椰子	大王椰子
株高 (公尺)	10~12	20~30
稈徑 (公分)	30	50~80
羽葉長 (公尺)	2~5	2.5~3.5
小葉長 (公分)	60~70×5	60~120×2~4

▲羽葉有小葉多列，小葉長 60~70 公分、寬 5 公分。1 回羽葉長約 5 公尺、寬 1.5 公尺，
　有 200~240 對小葉，總柄長 1.5 公尺。小葉線披針形，暗綠色，光滑無毛

▼春夏綻放，雌雄同株異花，穗狀花序
　長約 1 公尺，乳黃色小花密生

◀晚夏至早冬果熟，黃褐至
　橘色，肉質核果卵圓形，
　徑 2.5 公分。果實外皮
　剝除，種子上有 3 個
　洞孔，整體貌似老鼠

華盛頓椰子

- 學名
  Washingtonia filifera
- 英名
  California Washington palm
- 原產地
  美國加州

　　屬名 *Washingtonia* 乃為紀念美國國父 George Washington 而命名，種名 *filifera* 意即葉片會產生纖絲。植株高大直挺，株型整齊，頗具莊嚴氣勢。陽性樹，喜歡全日直射陽光，幼樹亦耐強陽。性喜溫暖濕潤，耐高熱，亦耐寒，原生育地為沙漠乾地。

▶單稈通直，高大圓柱狀、灰褐色，稈徑全體粗細約相同，僅稈基稍肥大，稈高 15~20 公尺、徑 0.7~1 公尺。每株有 18~60 片掌葉

▶葉掌狀 60~80 中至深裂，葉掌裂之邊緣有白色絲狀纖維，長可達 30 公分，裂片內摺、端下垂。革質，葉面灰綠色，葉徑 1~2 公尺，葉柄長 1~1.5 公尺、斷面橢圓形。老株葉柄下部邊緣有長而彎鉤狀之橘黃色銳刺，幼株無刺

▶稈表面殘留整齊排列之葉柄
及葉鞘基部未完全脫落的部
份，老稈則漸光滑

▲老株葉柄緣具褐色尖刺

▼花期夏天，多分歧、彎垂狀之穗
狀花序，長 3~4 公尺，突出葉叢
外，小花黃白色

◀核果橢圓形，
徑約 0.5 公分

類似植物比較　蒲葵、華盛頓椰子與壯幹棕櫚 *W. robusta*

華盛頓椰子與壯幹棕櫚之葉型、葉片大小、葉柄長度，以及花、果都頗相似，差異乃壯
幹棕櫚植株高大，葉片較茂密、纖絲較少，老株葉柄基部明顯具褐色刺。

	蒲葵	華盛頓椰子	壯幹棕櫚
稈高 (公尺)	10	15~20	25，較高大
稈徑 (公尺)	0.3~0.5	0.7~1，直筒狀、粗壯	0.6，漸細
掌葉裂片數	60~75	60~80	60~70
掌葉裂深度	1/2~2/3	1/2	2/3
掌葉徑 (公尺)	1.5~1.8	1~2	1~1.5
掌葉裂緣纖絲	無	很多	少
稈梢殘存老葉鞘	少	多而明顯	多而明顯
總柄針刺	幼葉柄常具逆刺，成熟葉僅中央以下具硬刺	老株葉柄僅下半部有橘黃色銳刺	老株葉柄有褐色刺
花序長 (公尺)	1.5	3~4，長而彎垂	1.5~3

狐尾椰子

· 學名
Wodyetia bifurcata
· 英名
Fox tail palm
· 原產地
澳洲昆士蘭

性喜高溫多濕，稍耐寒，全日或半日照均可。

▲複羽狀葉長 2~3 公尺，簇生單稈頂；羽狀全裂，複羽片分裂出 10~15 小羽片，小葉披針形，輪生於葉軸，整體形似狐尾；故名之

▼具冠莖，指莖幹頂梢包起的葉鞘

冠莖

▶單稈通直高 9 公尺，稈面光滑，環痕明顯

▼雌雄同株，穗狀花序長約 50 公分 (吳昭祥拍攝)

◀黑褐色的質硬種子，長 4.5 公分，寬 4 公分，有棕鬚 (吳昭祥拍攝)

▼紅熟果實剝除外皮，內有樹枝狀紋路 (吳昭祥拍攝)

◀5~6月果實成熟，整個花序變成之複合果呈卵球形懸垂狀，由多數核果構成，熟時橙紅色，仿佛長在樹上的鳳梨

・學名
Pandanus odoratissimus
・別名
華露兜
・臺灣原生種

林投

　　名稱傳聞是為了紀念林投姐。本省常見海岸植物，耐風耐鹽，適合海岸林最前線。果實富纖維質，能隨海水漂流。性喜高溫濕潤，陽光充足，耐陰性較差。

　　蘭嶼當地人常利用，達悟人採嫩芽炒來吃，味如春筍；取氣生根製作曬飛魚的繩索，葉可編織，莖稈可做圍籬與器具，採葉片驅趕魚群及避邪；果實除生吃外，其纖維可用來製筆，繪製船上的圖騰。

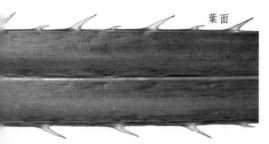

葉面

▲葉緣具刺，葉面平滑濃綠色，硬革質

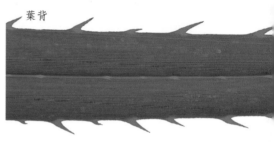

葉背

▲葉背灰綠色、中肋亦具刺，鉤刺可防動物啃食

◀常綠性，稈叢生，上部多分枝，株高 3~5 公尺，稈徑 5~15 公分

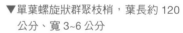

▼單葉螺旋狀群聚枝梢，葉長約 120 公分、寬 3~6 公分

◀▼稈彎曲狀，表面粗糙或瘤狀突起，氣根自稈基發出，入地則成為支柱根（科博館）

紅刺露兜樹

· 學名
Pandanus utilis
· 英名
Common screw pine

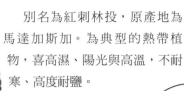

別名為紅刺林投，原產地為馬達加斯加。為典型的熱帶植物，喜高濕、陽光與高溫，不耐寒、高度耐鹽。

▲雌花 (吳昭祥拍攝)

▶英名 screw 乃因葉片於莖稈上螺旋著生，層疊有序，狀似一圓形階梯

▼稈高大圓柱狀，稈面平滑、具明顯葉片掉落之環紋，稈徑 20~40 公分

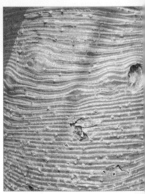

▲雌雄異株，佛燄花序，白色佛燄苞，小花無花被，花朵具香味，此為雄花序 (吳昭祥拍攝)

▼稈基有許多粗大直出支柱根，具支持作用，加強植株穩固，亦形成獨特外觀

▼常綠性，單稈直立，粗肥、具少數分支，株高 5~9 公尺

◀▲複合果長 15~20 公分，下
垂狀，由約 100 個小核果密
貼而成，小核果長 3~4 公分

▼核果，成熟時黃色

▼單葉螺旋狀著生於枝梢，葉長 60~180 公分、寬 4~10 公分

▼葉硬革質，葉緣與葉背中
肋均具紅鉤刺，故名之

稚子竹

・學名
Pleioblastus variegata
・英名
Dwarf white stripe bamboo

・別名
縞竹
・原產地
日本

低矮竹類，適做地被植物。需充足陽光，略耐陰；性喜冷涼，耐寒、不耐酷熱。

▶ 葉 3~13 枚一簇，披針形，葉面暗綠色、間雜黃白色條紋，兩面密佈細毛；葉長 10~12 公分。葉耳顯著，上端叢生剛毛；葉舌半圓形，芒齒緣

▲低矮地被

▶ 多年生，稈為側出合軸叢生型，株高多 1 公尺以下，稈淡黃色、徑 0.2~0.6 公分，莖稈雖細卻頗具韌性，節處隆起，節間短，長 1~3 公分，側枝多單一

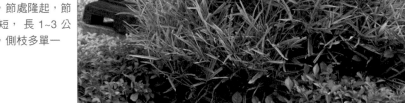

▼青竹文化園區

· 別名
鳳尾竹
· 園藝栽培品種

· 學名
Bambusa multiplex cv. Fernleaf
· 英名
Fernleaf hedge bamboo

鳳凰竹

細小葉片整齊排成
2列，形如鳳凰之尾羽，
故名之。陽性植物，耐旱，
耐熱，耐修剪。

▲葉長 2.5~6 公分、寬 0.5~1 公分，葉舌截狀，葉耳明顯。幼枝多而細，簇生於節，常被粉狀物

◀單葉互生 2 列狀，葉卵披針形，葉面平滑綠色、背粉白綠

類似植物　條紋鳳凰竹

稈及枝節間有橙黃色條紋

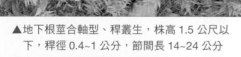

▲地下根莖合軸型、稈叢生，株高 1.5 公尺以下，稈徑 0.4~1 公分，節間長 14~24 公分

▼枝葉茂密，耐修剪 (東海大學)

金絲竹

· 學名
Bambusa vulgaris var. striata
· 英名
Stripe bamboo

· 別名
黃金竹
· 原產地
非洲

喜溫暖至高溫，日照需充足。

▼葉披針形，5~10 枚
簇生，不具葉耳

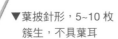

▼橫走地下莖合軸叢生，株高多
15 公尺以下；籜耳凸出似豬耳
狀。籜片表面密佈細毛、淺綠
具黃綠條紋 (臺中東大公園)

▶金黃色稈面間夾雜深綠縱線
條紋，節顯著、略隆起，節
下環生帶狀淺灰黃色軟絨毛

近鞘口處常疏生毛

· 學名
Bambusa vulgaris cv. Wamin
· 英名
Wamin bamboo

葫蘆龍頭竹

　　別名短節泰山竹、佛肚竹，為泰山竹的栽培品種，其特色為莖稈節間短，狀似葫蘆而得名。喜溫暖以及日照充足。

▶ 5~9 枚單葉簇生，葉長披針形，長 15~24 公分、寬 2~4 公分

▼稈籜面密佈暗棕色毛茸，籜耳突顯如豬耳。籜葉三角形，兩側基部向內凹入

▶稈叢生，高多 4 公尺以下，徑 4~10 公分，橫走地下根莖合軸叢生，稈節有短刺 1~3 枝

▼稈綠色，節黑色，節間長 5~15 公分，膨大如葫蘆狀

▼枝條 2 列狀

紫竹

·學名	·別名
Phyllostachys nigra	黑竹、烏竹
·英名	·原產地
Black bamboo	中國

　　老稈色紫黑，故名紫竹或黑竹，且其稈會變色。日照需充足，稍陰尚可，過於陰暗則生育不良。性喜溫暖，亦耐霜雪。稈材為工藝品和裝飾珍貴用材，可製簫。

▼姿態雅緻的觀賞竹類

▼稈幼時綠色，隨株齡會出現黑芝麻斑點，2~3年後就變為全紫黑褐色

▲稈散生型，稈高2~7公尺，稈面平滑無毛、徑1~3公分、節間長4~30公分。稈上部一邊扁平狀，節隆起，每節多2側枝

▼葉2~3枚一簇，偶多達13枚，葉卵披針形，長6~12公分、寬1~1.5公分，葉緣具刺毛

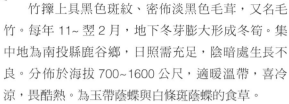

・別名	・學名
江南竹、毛竹	*Phyllostachys edulis*
・原產地	・英名
東亞	Moso bamboo

孟宗竹

▼節間長 5~40 公分，
稈近地面節間較短，
上部節間漸長

竹籜上具黑色斑紋、密佈淡黑色毛茸，又名毛竹。每年 11~翌 2 月，地下冬芽膨大形成冬筍。集中地為南投縣鹿谷鄉，日照需充足，陰暗處生長不良。分佈於海拔 700~1600 公尺，適暖溫帶，喜冷涼，畏酷熱。為玉帶蔭蝶與白條斑蔭蝶的食草。

▶稈節隆起、竹籜脫落殘留明顯籜環，節下環生白色粉末。幼稈粉綠灰白，密佈軟毛，老稈光滑無毛、綠或灰黃色

▼溪頭的竹海

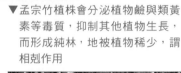

▼稈散生型，根莖匍匐
蔓延擴張，株高多 20
公尺以下、稈徑 5~18
公分

▼葉 2~4 枚簇生，線披針形，長 4~12
公分、寬 0.5~1.5 公分，葉面綠
色、背粉綠，僅緣有刺毛，葉鞘長
2.5~4 公分。葉耳不顯著，葉舌突出

▼孟宗竹植株會分泌植物鹼與類黃
素等毒質，抑制其他植物生長，
而形成純林，地被植物稀少，謂
相剋作用

崗姬竹

- **學名**
  Shibataea kumasasa
- **別名**
  日本矮竹、倭竹
- **原產地**
  日本、中國

植株低矮、葉片較寬，觸摸葉片有毛茸感。蔓延性佳，適合地被栽植。耐寒，畏酷熱。喜愛陽光、溫暖，稍耐陰。

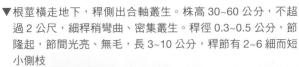

▶ 葉多單立，偶2~3枚簇生；葉卵披針形，長6~9公分、寬3~3.5公分，端漸尖，基部圓形，葉緣密生刺狀短毛，葉面深綠色、光滑無毛，背蒼綠色、被短毛。葉耳不明顯，葉舌突出、毛緣

▼ 根莖橫走地下，稈側出合軸叢生。株高30~60公分，不超過2公尺，細稈稍彎曲、密集叢生。稈徑0.3~0.5公分，節隆起，節間光亮、無毛，長3~10公分，稈節有2~6細而短小側枝

▲小石川後樂園（湧泉庭園）

▼竹類中植株較低矮者

▼耐蔭之地被植物

▼葉 3~9 枚簇生，披針形，緣具刺狀毛，長 8~20 公分、寬 1~3 公分

・學名
　Sinobambusa tootsik
・別名
　苦竹、疏節竹
・原產地
　中國

唐竹

較明顯特徵是節間特別長。唐竹之名，指原產於中國，枝葉尚細緻，株型優美，庭園常用觀賞竹類。性喜溫暖至高溫，稍耐霜害。日照需充足，明亮之非直射光照較佳，陰暗處生長不良。

▲葉耳顯著、上端叢生剛毛，葉舌細小

▼筆直稈面深綠色、光滑無毛，節間長 40~60 公分

▲節部隆起、殘留籜之纖維

▼株高 5~8 公尺，稈徑 2~3.5 公分，具地下橫走之細瘦根莖。籜革質，表面與邊緣佈暗褐色細毛 (臺中中科管理局)

稈高 3~6 公尺，徑 1.5~3 公分，葉面具黃白縱紋

▼種植於圍限範圍，防根亂竄 (大林火車站)

▼稈初散生、後側出合軸叢生，根會到處亂竄，拓植

▼根亂竄 (潭雅神自行車道)

中名索引

臺灣自然圖鑑 050

賞樹圖鑑

作者	章錦瑜
攝影	章錦瑜
主編	徐惠雅
校對	章錦瑜、徐惠雅
美術編輯	林姿秀

創辦人	陳銘民
發行所	晨星出版有限公司
	407 台中市西屯區工業區三十路 1 號 1 樓
	TEL：04-23595820　FAX：04-23550581
	行政院新聞局局版台業字第 2500 號
法律顧問	陳思成律師
初版	西元 2021 年 06 月 10 日
	西元 2024 年 04 月 30 日（二刷）

讀者專線	TEL：02-23672044 / 04-23595819#212
	FAX：02-23635741 / 04-23595493
	E-mail：service@morningstar.com.tw
網路書店	http：//www.morningstar.com.tw
郵政劃撥	15060393（知己圖書股份有限公司）

印刷	印刷 上好印刷股份有限公司

定價 890 元
ISBN　978-986-5582-01-2

Published by Morning Star Publishing Inc.
Printed in Taiwan

國家圖書館出版品預行編目資料

賞樹圖鑑／章錦瑜著‧攝影 .-- 初版 . -- 台中市：晨星，
2021.06
　496 面；15*22.5 公分 .　（臺灣自然圖鑑；050）

ISBN　978-986-5582-01-2（精裝）

1. 樹木　2. 植物圖鑑　3. 臺灣

436.13333　　　　　　　　　　　　　　110000168